U0192644

世界 咖啡豆 烘焙履历图鉴

张阳灿　林怡呈◎著

COFFEE BEAN

海峡出版发行集团
THE STRAITS PUBLISHING & DISTRIBUTING GROUP

福建科学技术出版社
FUJIAN SCIENCE & TECHNOLOGY PUBLISHING HOUSE

张阳灿

咖啡达人，Vita Café 总经理

首创台湾咖啡烘焙履历，其"智能云端烘焙履历系统"获得发明专利。身为喜爱研究咖啡的人，也是把关进口咖啡豆、烘焙流程及品质控管的 Vita Café 总经理，希望通过这本书带给大家完备的咖啡知识，并推广鼓励读者也能轻松严选自己喜爱的咖啡风味。

资历	旭晶餐饮创办人兼负责人
	"智能云端烘焙履历系统"开发负责人
	Vita Café 智能云端烘焙履历系统负责人

卖咖啡的态度，决定一杯好咖啡的精致度

多年来，我服务于医疗业、移动资讯产业，与咖啡结缘是因为与客户商务洽谈的必须。然而，喝咖啡这件事情却十分困扰我，它会引起我的胃痛、头痛、心悸。有一次，偶然向我多年好友 Y.C Lin 提起我的困扰，于是他请我喝了一杯咖啡，并向我保证不会有生理上不舒服的反应。

就是从那一杯咖啡开始，我对咖啡完全改观，原来一杯好咖啡，风味是如此佳美，喝起来是这么顺口，而且不会造成溢酸胃痛、心悸或是失眠等反应。

因缘际会、生涯规划意料之外，我投入一杯好咖啡的研发，创立"Vita Café"这个品牌，首创"智能云端烘焙履历系统"，用一种严苛或者说是刁难自己的态度，来生产咖啡，但我认为这是必须的，特别是近几年台湾笼罩在食安疑虑的乌云下。身为一位科技人，来从事食品研发制造，我们没有松懈的借口，作为一位咖啡的爱好者，我的挑剔是理所当然的。"Vita Café"自诩为业界的科技公司，开创了过去业界没有尝试过的智能云端烘焙技术，其中最大的挑战，就是在相同的生豆条件下，借助云端科技、IOT 物联网应用，99% 重现同一批咖啡豆的制程品管与风味。

在这本书当中，我以一个咖啡爱好者、烘焙研究者的角度，向读者介绍咖啡的基本知识，以及如何去判断一杯咖啡的品质，希望每一位咖啡爱好者，都能够跟我一样享受到一杯真正的好咖啡，共同来推升台湾新一波咖啡的品质，繁盛台湾的咖啡产业。

林怡呈

玩豆坊烘焙职人，智能云端烘焙履历系统发明人

因喜爱品尝咖啡，以实事求是的科技人精神踏入咖啡研究领域。将过去仰赖感官事后品管的咖啡制程图表化、量化、系统化、智能化，以通透的云端系统公开一杯好咖啡的来龙去脉，让每一位咖啡饮者都能够随时随地通过移动网络了解自己手中的这一杯咖啡。

资历	专利 QRS 烘焙研究系统发明人
	玩豆坊 X 咖啡讲堂创办人
	QRS 烘焙课程授证人

玩豆坊，Wonderful Café！
Anytime, Anywhere, with Wonderful Café

过去的第一人生，我专注于科技产业，沉浸在日复一日严谨的专案会议、品保会议、工程报表、数字绩效当中，直到我遇见咖啡烘焙。

当我开始爱上咖啡烘焙，科技人的研究瘾头就来了，在很短的期间内，我找遍所有的咖啡资讯，买遍世界各地的生豆，烘了一锅又一锅豆子，彻头彻尾地摸熟咖啡。这还不过瘾，我还为烘豆这种过去不公开的闭门技术，研发了一套智能云端烘焙履历系统，可以将烘豆制程数据化、图谱化，进而将咖啡风味创作与烘豆生产分开，只要 A 烘豆师愿意分享他的云端烘焙曲线，那么 B 烘豆师就能通过系统得到导航辅助，烘出制程相似度 99% 的豆子。

我创立了"玩豆坊 X 咖啡讲堂"这个品牌，撰写"玩豆坊 APP"便是希望与每一位热爱咖啡的朋友分享研究成果，这有助于咖啡爱好者把关他手中的咖啡品质；也想将我自己极致挑剔的烘焙风格、烘豆作品，与每一位读者分享。若你有机会来上我的咖啡课，你会感受到我对咖啡不理性的热情，以及非常理性的科学研究精神。

这本书中的咖啡知识，都是我精心严选过、适合多数咖啡爱好者阅读的知识，并且我在文字上的选择也尽可能地谨慎，避免过于武断，阻止了读者探索的可能。关于咖啡，我知道的还太少。在此我诚挚地邀请你，与我们共享这黑色味觉浪漫里的曲谱。

钟胜奕（Sam）

烘豆师

拥有杯测师、烘豆师，以及咖啡师的"三师证照"。有丰富的吧台实战经验及卓越的研发能力。

烘焙风格	浅焙，花香，甜感清楚，利落干净；中焙，果实感丰富的层次，焦糖甜尾韵明显的地域风味，产区特色明确。
专业认证	CQI Q Grader 国际咖啡品质鉴定师 FUJIROYAL 皇家直火式烘焙认证 IBS 意大利国际认证咖啡师 Vita Café 首席烘焙师

发掘每一颗咖啡豆里的惊叹号

咖啡是我的工作，也是我的生活。我是一个十足的咖啡狂热分子，平日沉默寡言的我，一旦聊起咖啡，就能滔滔不绝。刚开始接触咖啡，单纯是因为咖啡拉花引起我的兴趣，于是开始在自家用简单的工具尝试拉花，但总是拉不出精致的图形。后来为了学习拉花，我便决定到咖啡馆工作，利用工作机会学习、增长经验，并不定期参加有关咖啡的大大小小活动与课程，这也开启了我往后投入咖啡研究事业的大门。

原来，咖啡并不只是一杯由黑咖啡、奶泡和糖浆搭配出的饮品，它背后隐藏着冲煮的技术、冲煮工具的应用、焙度的变化、选豆的技巧等。温度、湿度、时间的细微变化，都能在一颗咖啡豆里面开发出一款独特的风味，这些神奇丰富的可能性，令我心神向往，为此我也投入咖啡烘焙、杯测，一步一步地踏上咖啡研究之路，并且在 2014 年到 2016 年内分别取得了烘焙师、咖啡师以及杯测师证照。

对我而言，积极参与各大杯测寻豆活动，为客户寻找各式各样的精品庄园豆，不仅是我的工作，更是我研究咖啡之旅的延续；每一颗咖啡豆虽然看起来形状、颜色都差不多，但在我眼中，它们其中蕴藏的一个个风味秘密，吸引我更投入于每一颗咖啡豆，更努力去诠释每一次的冲煮及烘焙，将咖啡豆里令人惊叹的风味秘密发掘出来。咖啡是科学、是艺术、是技能、是品味、是创作，所以我诚挚地邀请你们，借由这本书，和我一起进入有趣的咖啡世界。

陈柏均

咖啡师

花半年的时间于日本东京、京都参访店家经营理念，之后回台专研咖啡烘焙手法，并于 2015 年创立伴珈家自家烘焙馆，为首席 Barista 咖啡师及手冲咖啡职人。

烘焙风格	以浅中焙为主，强调地域风味。前段香气明显，中段维持甜感，尾端余韵回甘。
专业认证	IBS 意大利国际认证咖啡师 伴珈家首席烘焙师

专注地投注情感，烹煮出一杯好咖啡

氤氲的蒸气间，站在吧台后面细心地为客人烹煮一杯咖啡，是我每日的生活。咖啡之于我，不仅是一杯好喝的饮品，它更是语言、情感交流、创作信念传达的桥梁，借由一颗咖啡豆烘焙出的千变万化的风味，展现我们与人之间互动的情谊、四季流转的岁时变化、个人生活的体验与觉知。

因为喜爱一杯咖啡，而投入了知名连锁咖啡店的工作，后来却在日复一日重复单调的琐事之中，逐渐对咖啡失去了热情，对职业生涯规划也开始迟疑了。

因缘际会下，我前往日本旅居京都半年，在这期间探访了许多自家烘焙小店，咖啡师专注而迷人的气质和专一做好一件事的执着，深深地打动了我。

每一位咖啡师借由不断地交流与进修，找出具有自我特色的烘焙手法以及冲煮方式，在作品上展露出个性与创意。在这些咖啡师身上，我找回了一开始喜爱咖啡的初衷，内心也浮现了对未来咖啡生涯的期许。于是回高雄之后，便规划了我的咖啡蓝图，在 2015 年创立了"伴珈家自家烘焙馆"，抱持着专注为客人烹煮一杯好咖啡的心意，持续投入咖啡烘焙、冲煮研究，慢慢地走出属于自己的咖啡之路。

希望借由这本书的分享，与和我同样对咖啡有热情的朋友一起探索咖啡、研究咖啡。若你有机会来到高雄，欢迎到"伴珈家"来品尝一杯我亲手为你煮的咖啡。

[伴珈家]

隐身巷弄的咖啡店，是散步时遇见的美好，一个可以让人在午后阳光中沐浴放松的空间，寂静简朴。

Contents | 目录

5 世界咖啡豆烘焙履历, 杯中风味的科学!

世界各地咖啡豆的采收

01

追溯美味咖啡的源头

随着咖啡风潮蓬勃发展，全世界饮用咖啡的人愈来愈多，到了第三波咖啡文化，人们已经不满足只是喝到一杯咖啡，更讲究"Cup to Seed"（从杯到种）。

咖啡树的三大品种

市售咖啡豆名称琳琅满目，让许多咖啡入门者摸不着头绪，究竟这些名称所代表的意义是什么？能代表咖啡的等级或品种吗？能够从这些名称当中辨识出咖啡的口味吗？

咖啡树的品种总计超过五百种，而具有商业价值的，也就是能采集果实制作成咖啡豆的品种主要有三种。

第一种，是一般人耳熟能详，也最重要的阿拉比卡咖啡豆（Coffee Arabica），它源自埃塞俄比亚，生长于海拔 600~2000 米的地区，是目前种植最广泛的品种。

第二种，是利比里亚咖啡豆（Coffee Liberica），它源自利比里亚，生长环境在海拔 600 米以下，产量稀少而难得在市场上流通。

咖啡树的花朵为白色，成熟的咖啡果实为鲜红色。

第三种，是罗布斯塔咖啡豆（Coffee Robusta），它源自刚果，生长环境在海拔 600 米以下。多数非洲人喝的咖啡都是这一种，它产量很大，也常用来制作成即溶咖啡与罐装咖啡。

罗布斯塔（刚果种）虽称不上美味，甚至被说成有不好的味道，但有着原生种的优势：高咖啡因、体脂感强烈、高抗病力、易栽培、产量高、价格低廉，常用于制作即溶与罐装咖啡，或被当成复合配方豆使用。近年亦有栽培出精品等级的罗布斯塔豆，不用再掺糖加奶精来掩饰坏味道，一洗罗布斯塔豆的恶名。

利比里亚种风味平平，经济价值不高，产量极少，仅作为种原研究或在西非部分产国内交易，在世界咖啡市场较少见。

阿拉比卡（埃塞俄比亚种）虽然没有罗布斯塔的各种优势，却因为风味优良，适合单独饮用，征服了全世界，在世界咖啡市场流通量当中有一半以上为阿拉比卡种。

即溶咖啡多由罗布斯塔品种的咖啡豆制作而成。

阿拉
比卡

罗布
斯塔

利比
里亚

ROBUSTA

罗布斯塔品种的咖啡豆
常被做成较为平价的配
方豆、即溶咖啡或罐装
咖啡。近年也有精品级
的罗布斯塔咖啡。

LIBERICA

风味介于前两者之间，
产量稀少而难得一见。

ARABICA

精品咖啡豆多由阿拉
比卡品种的咖啡豆烘
焙而成。

阿拉比卡 VS. 罗布斯塔

我们在咖啡馆常喝到的咖啡，咖啡豆
大多为阿拉比卡种或罗布斯塔种。罗布斯
塔种价格较便宜，常添加奶、糖等其他调
味品，制作为花式咖啡；而阿拉比卡种则
多制作为单品咖啡。

阿拉比卡种和罗布斯塔种咖啡树生长
条件不同，阿拉比卡咖啡树生长条件较严
格，需要长时间日照，如此获得更多吸收
养分的机会，但同时又必须要凉冷，所以
只有接近赤道的低纬度、高海拔的地区才
适合其生长。

罗布斯塔种咖啡树的个性则比较野性
奔放，没有这些限制，拥有原生植物的优
点，例如，它高抗病，可以直接日晒，产
量大，油脂丰富，后韵很强，咖啡因含量

很高。不过杯测结果没有阿拉比卡好，
喝起来是麦茶的味道，不可口。既然做
成单品咖啡的罗布斯塔种咖啡不好喝，
那么咖啡生产国就想办法将它变好喝，
于是他们在咖啡里加奶精、砂糖。

罗布斯塔种的咖啡豆一般会拿来和
阿拉比卡种咖啡豆搭配做成"配方豆"，
取罗布斯塔种的高咖啡因、高油脂、强
后韵的优点，加上阿拉比卡豆好喝的优
点，供应给消费者。这些含有罗布斯塔
种咖啡豆的咖啡，烘焙程度通常会是中
焙或重焙，煮出来的咖啡油脂很厚，特
别适合做成卡布奇诺。如果你发现咖啡
的拉花油脂特别橘红、很厚、油的风味
很好，那便是加了罗布斯塔豆，是意式
咖啡的标准配方。

添加罗布斯塔种咖啡豆的配方豆,适合用来制作花式咖啡,其拉花表面的油脂特别厚,且呈现橘红色。

🫘 世界上仅次于巴西的第二大咖啡出口国——越南

越南是世界上第二大咖啡出口国,仅次于巴西,所出口的咖啡豆为罗布斯塔咖啡豆,换句话说,我们所喝到的罗布斯塔种咖啡,几乎都是从越南进口的。其实越南生产咖啡由来已久,尤其经过法国殖民,咖啡文化发展蓬勃,人们的生活中不能缺少咖啡,咖啡馆的庭院风情也是其特色之一。在东南亚所谓的"咖啡钱",即是必要的零花钱的意思。

▲ 越南是世界上咖啡豆第二大出口国,所生产的咖啡豆以罗布斯塔种为主。

▶ 罗布斯塔种适合烘成中焙或重焙的咖啡豆,其丰富的油脂能与奶泡完美融合。

小气候环境
孕育出不同风味的咖啡豆

咖啡树的生长过程需要充足的阳光和雨露，接近采收期时则需要较干燥的气候条件，
而最适合种植咖啡树的土壤是分解后的火山土、腐质土。

气候环境因素决定咖啡豆风味

生长在咖啡带内的咖啡树，分布的各个地区气候、土壤、海拔高度、降雨量构成的小气候不相同，所产出的咖啡豆风味也不相同，这便是蕴藏不同咖啡风味的原始秘密。

就产量位居世界第一的巴西咖啡豆而言，它的香气柔和、味道温和，酸苦度也比较平衡，因此广受世界咖啡爱好者的喜爱。

地处热带海洋性气候带的夏威夷科纳（Kona）产区，因其特殊风土，带给咖啡豆如葡萄酒般的酸甜滋味，也使其别树一帜。

哥斯达黎加的海拔高，生长咖啡树的高原上有火山灰和火山尘，如此强烈的风土特色，使其咖啡豆具有强烈的性格：浓郁、酸味明显，需选择好的处理厂才能交织出美味的咖啡豆乐章。

属于阿拉比卡种的埃塞俄比亚咖啡豆，同样生长于高海拔地区，气味如葡萄酒般的酸且香浓。

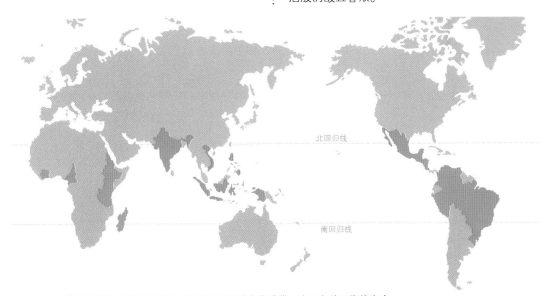

北回归线

南回归线

咖啡树主要生长于热带地区，这些地区被称为咖啡带。由于各地区海拔高度、土壤与小气候的不同，成就了多样化的咖啡豆风味。

世界各地咖啡豆的产地对照表

以三大品种为基础，在世界各地所种植的咖啡豆，因生长环境不同而有不同风味，又产生了数以百种的咖啡豆。

这些咖啡豆的命名，有些是以其出口港命名，例如巴西·桑托斯，指的就是从巴西的桑托斯港出口的咖啡；摩卡以前是也门摩卡港生产的咖啡，摩卡港废港之后仍然沿用了摩卡的咖啡名。

有些咖啡直接以其产地命名，例如：蓝山咖啡就是牙买加政府划定的蓝山地区咖啡树所出产的咖啡。又或者是更细部地以产地山区名称来命名，例如：盖奥山（印尼）、克拉尔山（哥斯达黎加）、克利斯特尔山（古巴）、乞力马扎罗山（坦桑尼亚）。

有些咖啡名称则是直接使用原种名，然后加上产地国家名称，例如：喀麦隆·阿拉比卡、乌干达·罗布斯塔等。

还有些咖啡会加上制作咖啡豆的方式来命名，例如同样的曼特宁咖啡，就有黄金曼特宁或碳烧曼特宁。

对照以下表格可以让你从咖啡名称了解你所购买的咖啡产地是哪里。

巴 西
Brazil

桑托斯（Santos）
巴伊亚（Bahia）
喜拉多（Cerrado）
摩吉安纳（Mogiana）

墨 西 哥
Mexico

科特佩（Coatepec）
华图司科（Huatusco）
奥里萨巴（Orizaba）
马拉戈日皮（Maragogype）

塔帕丘拉（Tapachula）
维斯特拉（Huixtla）
普卢马科伊斯特派克
（Pluma Coixtepec）
利基丹巴尔（Liquidambar MS）

巴拿马
Panama

波奎特（Bouquete）
巴鲁火山咖啡
（Cafe Volcan Baru）

秘鲁
Peru

查西马约（Chanchamayo）
库斯科（Cuzco 或 Cusco）
诺特（Norte）
普诺（Puno）

多米尼加
Dominican

巴拉奥纳（Barahona）

萨 尔 瓦 多
El Salvador

匹普（Pipil）
帕卡玛拉（Pacamara）

波多黎各
Puerto Rico

尤科特选（Yauco Selecto）
大拉雷斯尤科
（Grand Lares Yauco）

哥伦比亚
Colombia

亚美尼亚（Armenia）
纳里尼奥（Narino）
麦德林（Medellín）

哥斯达黎加
Costa Rica

多塔（Dota）
印地（Indio）
塔拉珠（Tarrazu）
三河区（Tres Rios）
拉米尼塔（La Minita）

危地马拉
Guatemala

安堤瓜（Antigua）
薇薇特南果（Huehuetenango）
阿蒂特兰湖（Lake Atitlán）
科班（Cobán）
法拉汉尼斯（Fraijanes）
圣马科斯（San Marcos）

委内瑞拉
Venezuela

蒙蒂贝洛（Montebello）
米拉马尔（Miramar）
阿拉格拉内扎（Ala Granija）

牙买加
Jamaica

蓝山（Blue Mountain）

厄瓜多尔
Ecuador

加拉帕戈斯（Galápagos）
希甘特（Gigante）

古巴
Cuba

琥爵（Cubita）
图基诺（Turquino）

尼加拉瓜
Nicaragua

西诺德加（Jinotega）
新塞哥维亚
（Nueva Segovia）

洪都拉斯
Honduras

圣巴巴拉（Santa Barbara）
帕拉索（El Paraiso）
科潘（Copan）

拉巴兹（La Paz）
科马亚瓜（Comayagua）
欧岚丘（Olancho）

刚果
Congo

伊图里（Ituri）

卢旺达
Rwanda

基伍（Kivu）

肯尼亚
Kenya

奥雷蒂庄园（Oreti Estate）

乌干达
Uganda

埃尔贡山（Mt.Elgon）
布吉苏（Bugisu）
鲁文佐里（Ruwensori）

赞比亚
Zambia

卡萨马（Kasama）
纳孔德（Nakonde）
伊索卡（Isoka）

坦桑尼亚
Tanzania

乞力马扎罗（Kilimanjaro）

喀麦隆
Cameroon

巴米累克（Bamileke）
巴蒙（Bamoun）

布隆迪
Burundi

恩戈齐（Ngozi）

安哥拉
Angola

安布里什（Ambriz）
安巴利姆（Amborm）
新里东杜（Novo Redondo）

津巴布韦
Zimbabwe

奇平加（Chipinge）

莫桑比克
Mozambique

马尼卡（Manica）

埃塞俄比亚
Ethiopia

耶加雪菲（Yirgacheffe）
哈拉（Harrar）
吉马（Djimmah）
西达摩（Sidamo）
列坎普地（Lekempti）

也门
Yemen

摩卡萨纳尼（Mocha Sanani）
玛塔利（Mattari）

印度
India

马拉巴（Malabar）
卡纳塔克（Karnataka）
特利切里（Tellichery）

越南
Vietnam

貂咖啡（Weasel Coffee）

印度尼西亚
Indonesia

爪哇（Java）
曼特宁（Mandheling）
安科拉（Ankola）
麝香猫咖啡（Kopi Luwak）

夏威夷
（美国群岛州）
Hawaii

科纳（Kona）

东帝汶
Timor Leste

东帝汶咖啡（Maubbessee）

中国
China

大陆地区：海南咖啡、云南咖啡
台湾地区：阿里山咖啡、古坑咖啡、舞鹤咖啡、国姓咖啡、东山咖啡、德文咖啡

各有特色的产地咖啡豆

风味清楚、干净的耶加雪菲

[Yirgacheffe]

非洲咖啡产区的特色就是小农少量栽种，每一个小产区的产量不大，这些小农都是通过当地合作社搜集咖啡果实之后，一起后制处理，再一起销售。

耶加雪菲是非洲埃塞俄比亚一个非常大的产区，在这里面又有很多小产区，每一个产区所生产的咖啡有不同的味道，同时又有一个共同特色，就是具有热带水果风味，且酸质明亮、清楚。如果是日晒的耶加雪菲豆，则带有浓郁的酒香味。

耶加雪菲豆的接受度很高，无论是连锁咖啡店或自家烘焙咖啡店都常引进销售。

耶加雪菲是广受咖啡迷喜爱的一款豆子，它具有热带水果风味，而且酸质明亮、清楚。

世界上最珍贵的咖啡豆——摩卡咖啡

[Mocha]

全世界最珍贵的咖啡豆是摩卡，它的生豆尺寸较小，几乎只有肯尼亚咖啡豆的1/4。

摩卡是一个曾经以咖啡出口而繁荣的港口名称，很多咖啡豆都通过这个摩卡港出口，摩卡咖啡豆最大的特色是日晒（重烘焙）后，会产生一个巧克力韵，而这种风味就被称为"摩卡的风味"。

既然是全世界最珍贵的咖啡豆，为何现在到处都能喝到平价的摩卡咖啡呢？原来，现在所谓的摩卡咖啡定义已经不同于以往，咖啡馆把所有带有巧克力韵、可可韵的咖啡豆都称为摩卡咖啡，甚至很多咖啡馆销售的摩卡咖啡，可能只是加了巧克力的咖啡。

因此广义的摩卡咖啡现在代表一种咖啡风味，而与产地无关了。

一般在咖啡馆看到的摩卡咖啡，指的是带有巧克力韵的咖啡，或是直接添加了巧克力的咖啡。

高价稀有的麝香猫咖啡豆

01 | 麝香猫咖啡豆从麝香猫的消化道产出后，需要人工将咖啡豆挑选、洗净、后制，产量少而费工，但经过挑选后的咖啡豆，品质具有一定的水准。

02 | 在印尼当地，以炒豆的方式制作麝香猫咖啡豆，别具特色。

03 | 有"亚洲果子狸"之称的麝香猫，是生产高价麝香猫咖啡最大的功臣，然而，这种生产方式已经被质疑对麝香猫造成了伤害。

[Kopi Luwak]

麝香猫咖啡产自印尼，其风味不苦不涩，入口滑润，对于不喜爱苦涩咖啡味的饮者很具吸引力。

麝香猫咖啡豆价位高的原因在于其产量少且风味独特。小农的年生产量可能只有 500 千克，而且需要靠大量的人工进行挑选处理，得之不易。由于咖啡果实在经过麝香猫的消化道，和着粪便排出的过程中被酵素分解，降低了苦涩味，多了浓郁的酒香和巧克力韵味，是他种咖啡豆不可取代的特殊风味，因而吸引了世界各地的咖啡爱好者。

然而，这种咖啡特殊的生产方式具有话题性，近年已经受到各方争议，现在尚未有机制可证明制作野生麝香猫咖啡的麝香猫真的是野生的，事实上这些制作咖啡的麝香猫，大部分是人工圈养的，因而引起环保人士抗议，发起拒买的风波。目前也有特殊的发酵技术仿其风味，也称为麝香猫风味咖啡。

COFFEE BEAN OF TAIWAN

台湾咖啡豆的现况与展望

近年台湾也投入了咖啡树的种植与咖啡豆的生产，甚至举办各种比赛，邀请杯测师对台湾咖啡豆做出评鉴。经过多年的努力，台湾咖啡豆确实有令人眼睛为之一亮的表现。

不过，台湾咖啡豆面临的现实挑战也不容忽视。咖啡豆需要低纬度、高海拔的生长环境，而台湾适合栽植咖啡豆的土地太少，因而产量稀少、价格偏高。此外，台湾咖啡受限于先天环境条件不足，加上还未能完全掌握咖啡种植技术，风味上仍旧难以比拟进口咖啡豆，因此，距离理想的目标还有一段距离，需要消费者支持，也需要台湾咖啡生产者继续努力。

咖啡豆的种植及采收

咖啡豆的栽种、采收到后制处理，决定了一颗豆子的好坏，也是决定咖啡风味与口感的关键。

咖啡豆的采收需要大量人工

咖啡树一年可以结多次果实，但因大自然气候变化果实会过熟或不熟，必须依赖大量的人工挑选采集，所以许多依赖咖啡出口经济的国家，会有工资过低或使用童工压榨劳力采集咖啡的情形发生，这也是全球致力于咖啡公平交易所要改善的重点。

在筛选掉不成熟或过熟的咖啡豆之后，每一棵咖啡树一年的咖啡产量约两磅（约900g），但在这两磅之外的咖啡豆也可能被商人回收利用，混入其他咖啡豆里，以较低价格进入咖啡经济市场。

▲ 咖啡果实，又称为咖啡樱桃（Coffee Cherry）。成熟的咖啡樱桃颜色鲜红、汁液饱满。

▼ 同一时间咖啡树上的果实成熟度都不一样，有些还未熟，有些已经过熟，还有些是长得不好、坏掉的果实，必须依靠人工挑选摘取。

咖啡豆的主要采收方式

咖啡树所结的果实是咖啡豆的前貌，它有一个特殊的名称，叫作"咖啡樱桃"，在进行采收、加工后制之后，始呈现咖啡生豆的面貌。

咖啡樱桃的采收在咖啡豆的生产过程中是相当重要的一环，也是成本消耗极高的一个步骤，最主要的原因是，通常咖啡树的果实成熟点不同，即使在同一棵咖啡树上，也不是每一颗果实都同时达到成熟的程度。

咖啡樱桃采收的方式也影响到咖啡树的保育，若采收不当，伤害了咖啡树，则

未来咖啡树所生产的咖啡果实品质会逐渐下滑。因此，采收咖啡樱桃的工作不仅需要非常细腻，而且需耗费大量人工。

同一棵咖啡树上有成熟的以及未成熟的咖啡果实，到了采收时期必须以人工分批次摘取，如此所生产的咖啡豆品质最好。

咖啡樱桃的采收方式主要有以下三种：

手工摘取 **Hand Pick**	手工摘取咖啡豆的优点是，工序细致，过程既不伤害咖啡樱桃，也不伤害咖啡树本身，但较耗时耗工。精品级的庄园还会在测定甜度后，再决定采收期。 
手工刷落式 **Strip**	手工刷落式的摘取方式，也是动用人力采集咖啡樱桃，但与手工摘取不同的是，它是用人力去摇晃咖啡树，将咖啡树上的果实，不分成熟、好坏，是枝叶还是果实，一并摇落到地面上，再进行筛选。这种方式必然伤害整棵咖啡树，而且部分被摇落的咖啡樱桃也会受伤。这种方式是为了压缩时间和人力成本。
机器采收 **Harvester Machine**	在一些大型咖啡农场，采收时为了提高效率以及节省人力，会将农用采收机开入咖啡园，将咖啡树上成熟的、过熟的、未成熟的咖啡樱桃，以及咖啡枝叶等，一起刮落下来，再集中处理，挑选出适合的咖啡樱桃进行后制。这种采收方式虽然快速，但对于咖啡豆的品质，以及咖啡树的保育，都较为不利。

01 | 大型机具驶入咖啡园，快速大量地采收咖啡樱桃。

02 | 机器采收不仅摘取了成熟的咖啡樱桃，还将不成熟的、过熟的果实，以及咖啡树的枝干、叶子和杂质都一起刷下来，对咖啡樱桃以及咖啡树的伤害极大。

这三种采收方式，当然以第一种手工摘取最好，对于咖啡豆的品质以及咖啡树的保育最佳。

工人会仔细筛果皮已呈现泛红色和暗红色的果实，稍微挤压一下确认是否已经熟透。通常在采收季节，会分批次采收果实，而每一批采收的时间约间隔两周。直到最后一个批次，就要将还留在咖啡树上的果实全部摘除，才能使咖啡树进行下一次开花结果。

有些地区生产的咖啡豆品质不够佳，其不当的采收方式也是原因之一，像巴西多数咖啡园，虽然他们也使用人工采收方式，但并不会分批次采收咖啡果实，而是一次将咖啡树上所有过熟的、成熟的、未成熟的果实都刷落在地面上，然后手工筛选果实、树枝、杂叶、杂物等，这便是"手工刷落式采收法（Strip）"。

有些咖啡生产地区，因地形较平坦，可以直接驶入大型机具，便干脆不用人工刷落咖啡果实，直接用机器采收来降低成本。这样采收下来的咖啡樱桃，虽然可以通过后续漂洗分级稍微改善品质，但对于咖啡树的伤害以及来年结果的影响已经造成了。

由于一颗一颗挑选采收咖啡樱桃的人工成本较高，为了节省成本，大部分咖啡农都会采取手工刷落或机器采收，这样的采收方式不但容易造成果实损伤，也会使咖啡树受伤耗损。

🫘 蝙蝠来讯，提醒农人采收咖啡豆

咖啡树开花后不久，就会成群地冒出绿色小果实，之后逐渐转变成黄色、红色、深红色，直到接近黑色的时候，便可以采收。在牙买加咖啡农场里，夜晚蝙蝠会来吸取成熟果实的果浆，也等于提醒咖啡农采收咖啡的时间到了。

咖啡豆的后制处理

采收后的咖啡豆还需要经过细腻的后制处理，才能生产出品质好的咖啡豆。

一杯好咖啡源自于一颗好咖啡豆

采收下来的咖啡樱桃，就和一般的水果一样，具有水分、甜味、香气，若是没有经过后制处理，就会发酵、腐坏。另外，后制的处理方式和细腻程度，也会决定这一颗咖啡樱桃将成为怎样品质的咖啡豆。虽然咖啡豆的品质在咖啡树种植与生长期间就已经决定了一大半，然而，一颗好咖啡豆的诞生，与后制保存、烘焙等各阶段都环环相扣，不可忽视其中任何一个环节。

采收的咖啡樱桃剖开后，里面通常是一对种子。

经过后制处理的咖啡生豆，会测定其含水量与硬度（密度）。

将采收好的咖啡樱桃剖开后，会发现里面有两颗咖啡豆（即种子），其扁平面靠在一起，这种形状的豆子称为平豆，但也有少数咖啡樱桃剖开后，里面不是两颗咖啡豆，而是一整颗圆圆的豆子，称为圆豆。

一般咖啡豆形状为一面扁平、一面浑圆，称为"平豆"（Flat Beans），俗称"母豆"。

有5%~10%的咖啡豆形状是整颗圆珠，称为"圆豆"（Peaberry），俗称"公豆"。

平豆咖啡 VS. 圆豆咖啡

有一种说法，认为圆豆风味浓郁胜于平豆，因其在一颗咖啡樱桃里只有一颗圆豆，相较于两颗平豆，圆豆的风味和营养多了一倍，故圆豆的市场价格高过平豆许多。

但其实影响咖啡风味优劣的关键因素是瑕疵率的品管分级技术。

事实上，圆豆和平豆的成分与风味相同。而一般人感觉圆豆喝起来风味比较好，是因为圆豆的瑕疵率低。

圆豆属于少数的变异豆，必须专门从

平豆中挑选出来。因此，需要花较多的人力工时成本，才能得到瑕疵率较低，品质较一致，数量较少的圆豆。而圆豆本身质地风味并没有因为形状不同而特别好，而是因为瑕疵率低，品质一致的关系。

特地挑出圆豆的人力工时成本，比平豆高出许多，所以豆农、豆商、烘焙者，都非常在意瑕疵率与挑豆，因为瑕疵豆的存在直接影响饮者的健康与咖啡豆的评鉴。

圆豆真的比较好喝吗？答案是肯定的，因为挑选圆豆需要许多人力工时，在无形中降低了瑕疵率。咖啡豆瑕疵率越低，坏味道越少，自然就越好喝。

咖啡樱桃的剖面介绍

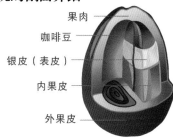

果肉
咖啡豆
银皮（表皮）
内果皮
外果皮

咖啡樱桃内包覆着咖啡豆，中间隔阻着果肉、果胶以及内外果皮，需经过处理，才能制成所谓的咖啡生豆。

每一颗咖啡豆都有一层称为"银皮"（Silver Skin）的薄膜，经过处理后也会有少许银皮薄膜残留在咖啡生豆上。

在银皮外有一层坚硬的内壳，有这种硬壳的咖啡豆称为带壳咖啡豆（Parchment Coffee），如果把硬壳和银皮去除，就能成为适合烘焙的咖啡豆，也就是生豆（Green Coffee）。

咖啡豆的内壳外包覆着一层黏滑的物质，一般要去除这层黏滑物质，可以在采收后去除果皮，利用自然发酵加以除去。

将采收好的咖啡樱桃处理成能烘焙的生豆

采收后的咖啡樱桃还算是新鲜水果，有果皮、果壳、酵素、水分等，若要得到能进行烘焙的生豆，还必须经过一套处理流程。

后制处理主要是为了筛选咖啡果实，挑去过熟和未熟的果实，留下成熟果实。使咖啡樱桃成为饮品原料的咖啡生豆，主要会经过浮选、去皮、发酵、日晒干燥、去壳、生豆储存等程序，再接着进行品质检测、分级等。

浮选（水选）	>	去皮	>	发酵	>	日晒干燥	>	去壳	>	生豆

浮选又称为水选，将采收下来的咖啡果实放置于大型水槽中，若有浮在水面上的不良品种，即为可以淘汰的不良品种，以此进行第一层品质把关。

将浮选后留下来的咖啡果实放入机器中，去除红色外皮。

将已经去除外皮的咖啡果实放入发酵槽中发酵，再以清水将发酵后表面残留的黏质清洗干净。

将咖啡豆放置于阳光下日晒一至两周，将咖啡风味浓缩起来。若是日照不足，也可使用机器低温烘干。

将干燥后的咖啡豆以机器去壳，除外皮和内皮，并进行脱壳，抛光银皮。

完成以上程序后，原是新鲜水果的咖啡樱桃，便成为具有特殊风味、能干燥保存的咖啡生豆。

　　将咖啡果实变成咖啡生豆的这个过程，被称为"后制处理法"。虽然目标都是将"吃的水果咖啡樱桃"后制成为"待烘焙的咖啡生豆"，但后制处理法在世界各地有所不同，最主要是因为地理气候环境不同，有些地方不一定有那么长的日照时间；另一个原因是由于咖啡后制厂对于风味有新的想法和做法，而衍生出不同的后制处理法。

　　因此，我们常听到的世界各地的生豆处理法，大致可以区分为四大类，分别是日晒、水洗、蜜处理及湿剥法。

日晒法
Natural
Process

日晒法是咖啡后制法中最传统的方法，通常被使用在水源缺乏的国家，它是先将筛选好的咖啡果实整颗放置于阳光下自然晒干，再将果壳、果皮辗压去除，以此获得咖啡生豆。在阳光下，咖啡果实可同时进行发酵、干燥，其中的果肉和果汁风味便完全锁入生豆之中，同时又注入了发酵后的香气，是许多咖啡爱好者推崇的方式。依照日晒发酵程度的不同，制作出酒香、酒酿风味。

01

01 | 将咖啡豆放置于棚架上日晒，可避免咖啡豆吸附霉土味。

02 | 日晒法后制的咖啡豆，会产生一种酒酿风味。

水洗法
Washed
Process

因为将整颗连皮带壳的咖啡果实在阳光底下晒，会有发酵失败而产生腐坏气味的可能，因此出现了水洗法。其实它也是日晒干燥咖啡豆，只是多了一道水洗程序。将咖啡果实先去除外果皮和果肉，再用水洗方式洗去附着于内果皮上的果胶，将影响发酵结果的因子都去除，再把剩下包覆着果壳的豆子拿去日晒，就能保留单纯的咖啡风味。水洗法可使咖啡生豆色泽美观、酸香味较佳、品质好，但因为太过干净，风味表现上较日晒法薄弱。

蜜处理法
Honey
Process

有人会觉得，将咖啡果实的内外皮和果胶都去除了，所得到的咖啡生豆虽然风味单纯，但似乎少了一点层次，因此想了一个中庸一点的方法，只去除咖啡果实内外皮，留下咖啡果胶、外壳一起和咖啡豆进行日晒发酵，这样所得到的咖啡豆会比水洗法甜一点，所以称为蜜处理法。蜜处理法风险较高，需花费较多人力和时间，因为在干燥过程必须不断地翻动，避免果肉相黏造成发霉，且须在短时间内完成干燥，以防发酵过度，留下瑕疵豆。蜜处理的分类依照果肉比例留存分为黑蜜、红蜜、黄蜜、白蜜。

湿剥法
Wet–Hulling

一开始就将咖啡果实的果皮、果胶、果壳全部去除，只留下咖啡生豆直接进行日晒。为什么要这么做呢？这是因为咖啡产地的气候环境没有长时间的日照，必须想办法缩短日晒的时间，而只留下生豆直接日晒是最好的方法，包括像印尼这样的热带雨林地区都使用这种方式。

咖啡豆的生产来源

想象一下，如果你是咖啡豆商，要去哪里买咖啡生豆呢？咖啡产地只能卖给你咖啡树上的果实——咖啡樱桃，但它还需要处理成生豆，才能进行烘焙、研磨、冲泡。

不同处理厂、合作社、庄园，生豆品质也不同

如果你是咖啡豆商，你要找咖啡樱桃已经后制处理成生豆的地方买，这些地方可能是处理厂、合作社或庄园。那么，从这些地方买到的咖啡生豆，有什么差别呢？

我们先要了解，同一个地区有许多咖啡农，他们栽种的咖啡树种都不一样，采收方式也不一样。简单地说，这些采收下来的咖啡樱桃品质都不一样，可以想象，如果一开始没有仔细挑选购入的咖啡樱桃，那么后制处理好的生豆品质也会大受影响。

后制处理要把关的是"收购的咖啡樱桃来源"以及"后制处理流程"，若两者都把关好，这个后制处理的地方就会成为优良咖啡生豆来源的标杆。

处理厂

一般在咖啡产地都会有私人经营的"处理厂"，每到咖啡樱桃采收季节，这些处理厂就会开始向附近的咖啡农收购他们采收下来的咖啡樱桃，后制处理成生豆之后，再进行拍卖。有点类似碾米厂的概念。

这种处理厂所生产的咖啡生豆，消费者大概可掌握到生产地区，但实际的栽种区块则无法掌握。我们一开始便提到，即使是同一个生产地区种植的咖啡樱桃，品质也大不相同。近年来已经有"微批次"的品管分级做法，提供客制款的少量批次。

合作社

有些国家的咖啡农种植咖啡树，采收了咖啡樱桃，却不见得有能力将它们后制处理成生豆，甚至只能通过拍卖机制售出获利。于是，当地的政府会介入帮忙，或是外资进入协助，或是咖啡农自行集资，成立一个团体，把咖啡樱桃后制成生豆售出，使咖啡农确实通过种植咖啡树获利。

从合作社采购咖啡生豆的优点是，它几乎等同于向咖啡农这个生产端采买，只是这个生产端自行配备好处理设备，把咖啡樱桃加工成生豆卖出，所以价格会便宜一些。但来自合作社的咖啡生豆，品质也不一致，主要原因还是不同区域的咖啡树品质不同，树种可能也不同。这种咖啡合作社的经营，有点类似农会产销班的概念。

庄园

庄园的概念来自于葡萄酒庄，它会设立在咖啡产区，确实掌握该产区所生产的咖啡樱桃，分别精细挑选分类，再依其不同特质进行后制处理，所生产的咖啡生豆不仅能掌握咖啡果实的品种，也能掌握来源，后制处理方式又能与咖啡果实的风味完美结合，呈现当地独具一格的特色，因此最受推崇。品味庄园级精品咖啡如同翻阅一本书，能在脑海中清晰描绘出该款咖啡豆的风貌图案。

什么是商业豆？
庄园豆？ 精品豆？

商业豆为生产国能符合消费国对国际商业咖啡期货的分级规范，例如从水分含量、硬度、瑕疵率、颗粒大小等来判断，并不追溯到完整的产地履历，品质为大宗期货的普遍级，含有不等的瑕疵率，从风味上难以辨识出生产地的特殊风味，简单而言就是生产国生产的能够符合外销要求的大宗商业用豆。

庄园豆会具名生产的庄园或产地，作为行销品牌的标志，可以追溯到产地履历，以自行控管的品保分级制度为标准，使终端消费者可以明确辨识杯中物的来源，其品质等级由所具名的庄园品牌为代表，世界知名的得奖庄园与未参赛庄园的评价可能落差极大。

本书所谓的精品豆是指经过专业认证合格的咖啡杯测师所签认具有质量保障的咖啡豆，瑕疵豆比例低于 3%，杯测分数达 80 分以上，具有产区庄园可明确辨识的特殊地域风味，有别于自称为精品豆的商业豆或庄园豆。

商业豆

一般单品商业豆，并未挑除其中约 10% 的瑕疵豆，由于风味中含有恶味，因此通常会采取重烘焙的方式。

庄园豆

庄园豆会清楚标示产区、产地、庄园、生产批号，但其品质是否经过杯测师认证，评价与价格将大为迥异。

精品豆

标榜从咖啡豆的种植、采收到烘焙的全程，都具有严谨的把关，以至于成就一款品质臻于完美，且风味独特的豆子。

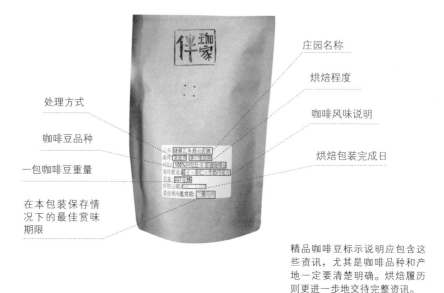

处理方式

咖啡豆品种

一包咖啡豆重量

在本包装保存情况下的最佳赏味期限

庄园名称

烘焙程度

咖啡风味说明

烘焙包装完成日

精品咖啡豆标示说明应包含这些资讯，尤其是咖啡品种和产地一定要清楚明确。烘焙履历则更进一步地交待完整资讯。

瑕疵豆对咖啡风味的影响巨大

瑕疵豆经过烘焙后，在外观上不容易被察觉出来，其中的贝壳豆属于畸形豆，只是豆子的形状结构上出现裂解，造成焙度风味不一致。其他类型的瑕疵豆则会严重地影响到一杯咖啡的风味，假设冲煮一杯咖啡使用 10 克熟豆，当中掺入了 3~4颗瑕疵豆，即占了 10% 的比例，在杯测中就会被找出瑕疵风味。最明显的是烘焙后仍去除不掉的粉涩苦韵，掩盖掉原本好咖啡应该显现出来的甜美酸香与纯净美好的干净度，原味的好咖啡是不会让人觉得苦涩而难以入喉的。曾经也有人指出瑕疵豆含量是造成失眠、溢酸、心悸的元凶，虽然目前还没有研究证实，但可以肯定的是，咖啡中若含有发霉、发黑、虫蛀变质的瑕疵豆，绝对不利饮者健康。

局部黑豆　　　发霉豆　　　破裂豆　　　贝壳豆

"精品咖啡"是一个专有名词，也是一种"好咖啡"的概念

"Specialty Coffee（精品咖啡）"是咖啡世界里的专有名词，并没有全球统一的规范，其评鉴标准是由各国咖啡团体自行定义。一般也被拿来当成形容好咖啡的行销用语，若将 Specialty Coffee 翻译成"特色咖啡"，虽符合原文的语意，却漏失了意指好咖啡的概念。

"Specialty Coffee（精品咖啡）"一词是美国精品咖啡教母娥娜·肯努森女士（Erna Knutsen）于 1974 年在《咖啡与茶》杂志中提出。后续出现于 1978 年法国举行的国际咖啡会议中。她所提出的精品咖啡（Specialty Coffee）只单纯地定义为在特殊风土与小气候下，培育出的风味独特的咖啡豆。

基本上有明确的产地履历，风味优良且具有明确的辨识性，能让人印象深刻的，就是"精品咖啡"（特色咖啡）了。

咖啡文化风行之后，吸引了许多咖啡爱好者持续追求更好、更极致的"好咖啡"，以"玩豆坊"来说，我们自行定义的"精品咖啡"，并不仅限于风味独特的优秀咖啡豆，而是应囊括右侧所列的所有条件。

而我们所具名的烘焙作品应有完整的生产履历。从树上的咖啡果实到杯中物，连同烘焙品管制程与风味资讯，都应详实呈现给饮者追溯。

在追求更好咖啡文化的风潮之下，所谓"好咖啡"，已经不只是物理上咖啡豆品质的定义，而是更细腻地提升到一种文化感动的层次。

1. 完整的生产履历资讯

完整的生产履历，应包括产地、处理场，以及烘焙日期、生产品管纪录等完整的制程资讯。

2. 剔除瑕疵豆

豆子形状不完整、虫蛀、发霉等，都应该被剔除。

3. 杯测达 80 分以上

经过专业认证的咖啡师杯测达 80 分以上。

4. 明确的地域风味

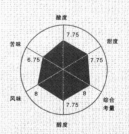

具有饮者明确可辨识的产区地域风味。

咖啡豆的生产系统与品质

咖啡既是国际期货，也是黑色经济，更是风靡全世界的饮料，这么极具分量的农产品，来自于非洲咖啡小农传统耕作的果实。

生豆商扮演重要角色

想象一下，你住在乡下，家后面有一小块地，从曾祖父时代就长了几棵芭乐树，曾祖父发现果实摘下来可以卖钱，于是就教给祖父，祖父又教给父亲，父亲又教给你，几代下来，你们都靠着种芭乐养家糊口。

后来芭乐变成国际期货，消费者愿意出更高的价钱吃更好吃的芭乐，于是中盘商想要用更好的价钱买你们家品质更好的芭乐，但很遗憾，你们世代传承的芭乐种植技术无法突破，只能种出低良率、低品质的芭乐。

随着消费端的需求愈来愈多、要求愈来愈高，中盘商急了，干脆自己研究如何种出品质更好的芭乐，甚至投入资金和技术来教你们，而代价就是，你们种出来的好品质芭乐，统统要卖给他们。

这就是咖啡产销的特殊系统，从销售端的需求回头去要求生产端的品质，其中生豆商扮演着重要角色。

咖啡小农只会种植咖啡，需要生豆商回头支援他们提升种植技术

在精品咖啡世界里，追求的是一颗颗栽植良好，且品质完美无瑕疵的咖啡豆。然而，精品豆只占全世界咖啡总产量的2%，要如何获得呢？在以前商业豆模式下，咖啡小农只种植咖啡豆，种植方式是祖先流传下来的，种植成果（果实的良率、品质）难以掌握，他们将采收好的咖啡豆交给厂商，就像任何传统农产品生产方式一样，没有相关知识与能力进行分级。因此，有些生豆商为了得到较好的咖啡豆，便将咖啡栽植的知识与技术带进产地，辅导农民种出瑕疵率更低、品质更好的咖啡豆，随后，更积极成为庄园主或入股，以确保得到品质更好的咖啡豆。各产国当然也动员国家的力量投资"黑色经济"。

这些能够在当地排名前10的庄园，都在当地具有非常高的社会地位，因为咖啡是这些国家重要的外销收入。部分庄园

危地马拉咖啡庄园的一角。

以前是殖民者的财产，例如巴拿马的庄园并非都是原住民所拥有的，有些庄园已经历经三代，甚至有百年以上历史，所以这些庄园咖啡豆的品质、风味、树种以及种植技术的演进都很优秀。

咖啡庄园具有重要的分量

你所购买的咖啡豆履历，会特别标示来自于哪一个庄园，表示是以这个庄园的名号做品质保证，也凸显了这款咖啡的特殊地域风味。也就是说，当你进入咖啡世界里，就可以知道来自某个庄园的咖啡豆，它的品质如何，风味是水果调还是花香调，因为这些信息都在庄园名号里不言而喻。

有些咖啡注明庄园和咖啡豆品种，有些只注明庄园但没注明咖啡豆品种，为什么？因为同一个庄园不一定只种植一款咖啡豆。有些庄园可能有半个恒春半岛那么大，甚至绵延好几个山脉，所以会划分成好几十个区种植，其中有些区可能种艺伎，有些区可能种卡杜拉、卡杜艾，等到收成时可能会区分成一批是艺伎，一批是卡杜拉、卡杜艾，但也有些会混在一起无法分辨，若无法分辨品种，参加国际比赛时就不会给种类名称，而是直接给庄园名称，或者另外给一个名字。

例如巴拿马的花蝴蝶、紫玫瑰，就是混合品种。巴拿马的花蝴蝶喝得出不是纯的艺伎，也许是混入了40%的艺伎，而紫玫瑰的艺伎含量可能有30%，每一批都不同。像这样没有特别标示品种的豆子，就表示它是各种咖啡豆混合而成的。

只要是精品咖啡，包装上都会注明来自于哪一个庄园，让消费者对于其品质和风味能够有所掌握。烘焙编号则是品管的注解追溯。

手冲的浅焙精品咖啡，澄澈、干净，能透光。

咖啡生豆的购入

早期的咖啡文化是人们大多前往咖啡馆、饭店饮用咖啡，但随着第三波咖啡文化形成，世界各地对于咖啡生豆的需求急剧增加，且喝咖啡的场合无所不在。

向国内生豆商购入生豆，或向国外贸易商进口生豆

台湾本地也生产咖啡豆，但产量少、成本高，大陆的产量也不多，因此多数咖啡生豆还是购自世界各地产区。早期的咖啡文化是人们大多前往咖啡馆、饭店饮用咖啡，因此生豆商的交易对象几乎都是拥有烘豆厂的咖啡商，然后这些咖啡商再将烘好的豆子分送到各地有需求的饭店或咖啡馆。

如今，随着第三波咖啡文化形成，在家烘焙者或自家烘焙的店家数量增加，虽然其购入生豆的数量比不上大型咖啡商，然而其影响力也不容小觑，因此生豆商也愿意和这些对象进行少量的生豆交易。

如果你对自家烘焙或在家烘焙有兴趣，想购得生豆，只要参加每年的咖啡展，或是上网就可以找到生豆商的资料，这些生豆商都有网站、电邮，他们会建立客户资料，定期把豆单寄给客户，你可以通过豆单的介绍，了解比较详细的资讯。他们也会举办杯测会，介绍他们今年的产品。有些国外的生豆商，例如 NINETY PLUS、Sweet Maria's，自己本身没有生产咖啡生豆，可是能集合全世界的生豆，消费者可以通过国际贸易的方式跟他们下单，再让他们运送到本地。NINETY PLUS 创立于 2007 年，是国际知名的咖啡产销公司，特色是能够提供"稀有""独特"的咖啡生豆，是许多咖啡玩家推崇的咖啡生豆商。Sweet Maria's 则是位于美国加州的咖啡商，他们主要针对的消费者为"自家烘焙"店，以精致化、少量贩售的经营方式，成为许多咖啡玩家心目中的生豆商首选。

哪些人会购买咖啡生豆？

┃ 咖啡爱好者 ┃

咖啡爱好者有两种，在家烘焙者或是开设自家烘焙店的玩家。

在家烘焙者，即在自家烘焙生豆，烘焙好之后与亲朋好友分享。

由玩家所开设的自家烘焙店，是以小规模咖啡馆的经营形态，供应给喜爱其烘豆风味的消费者。相对于大量购入生豆的烘焙大厂，所谓的咖啡玩家和在家烘焙者，便是少量购入咖啡生豆的消费者。

小而美的自家烘焙店，以其烘焙特色吸引消费者"朝圣"。

烘焙厂或咖啡商

他们会购入较大量的咖啡生豆，将烘焙好的熟豆供应给没有自家烘焙的咖啡馆、早餐店、西餐厅。他们所提供的咖啡熟豆，包含商业豆及精品豆，依照客户需求以不同价格出售。

非自家烘焙的咖啡馆，会向信誉良好的咖啡商购入烘好的熟豆，再加以冲煮，提供给消费者。

参加预购，先付款，价格和数量有保障

我们也可以参与所谓的"预购"——有些豆商会直接发起预购活动，例如："你一次买120千克，我给你什么价格。"届时咖啡生豆货运到了，我们就是以这个价格承购，而这样的方式便使咖啡生豆变成我们所说的"期货"。若是没有跟上预购活动的散户要来买，价格就会比较高，量也会比较少。

如此听起来预购似乎较佳，然而其风险是：咖啡生豆的品质只能期待，不能够保证。既然如此，我们凭什么来冒着风险参加预购活动呢？主要还是看生豆商的品牌信誉，当然还有他们选豆的风格。

有些生豆商做得比较好，服务也比较完整，可以提供1千克、500克等少量样豆，但是绝大多数的生豆商是不提供的。咖啡豆是农产品国际期货，顶级的食材来源，并非是公开竞价就能获得。

好的咖啡生豆量少稀有，必须提前预购才能以好价钱购买到需要的量。

商业豆和精品豆规划的豆单不同

严格来说，豆单应该以"季"为单位来规划，原因如下：

1. 全球产区的新豆咖啡季并非同一时期，不能以年度来规划。除非你需要让同款生豆存量够用一整年。

2. 每次产季到时，同庄园的生豆原料不见得会跟去年品质一样，所以购入生豆时也要重新评估。

3. 有些精品咖啡商采取精致化经营方式，
   他们进口少量多样的新鲜生豆，预约
   烘焙、少量包装，所以豆单更新十分
   频繁。

   商业咖啡和精品咖啡规划豆单的方式
是不相同的，一般而言，精品豆以"季"
为单位来规划豆单，而普通商业豆以"年"
为单位来规划豆单。所以一年才规划一次
单品豆单的店家，通常是提供商业豆，或
是隶属豆商的直营体系，存量需足够一年
所用。

🫘 咖啡生豆一般可以保存多久？

基本上，精品豆都会在半年内把库存消化掉，不会放到隔年，可是站在消费者的立场，却希望可
以持续买到喜欢的咖啡豆，所以保存咖啡生豆的方式非常重要。我们买来的咖啡豆，有些因为怕
断货，会把它分装保存好，一次打开一包，减少其接触空气的机会。其实咖啡生豆只要保存良
好，就可以存放好几年，但前提是必须正确地保存（真空包装＋低温），确保其含水量达到一定
的标准。有些大型豆商会建立一个储存工厂，以精准控制温度和湿度的方式来保存咖啡豆。好的
咖啡豆不仅奇货可居，甚至有钱也买不到，例如：有些蓝山1千克卖700元，有些艺伎1磅（约
450克）卖1400~1600元，所以豆商必须妥善保存这些生豆。

将咖啡生豆
分成小包装，
置入防潮的
铝箔袋中。

常见包装咖啡生豆的大型麻布
袋，其袋内衬有PE（聚乙烯）
内袋，可有效保存咖啡生豆，但
开封后仍要尽快烘完，否则豆子
会老化。

公平交易咖啡

谈到公平交易，大多数人最直接联想到的应该是星巴克的公平交易咖啡豆。但公平交易咖啡到底是什么？真的能改善农民生活吗？

世界上最受欢迎的经济作物，是从最贫穷的国家种植出来的

公平交易咖啡豆出现已经好多年，而真正被更多人看见，是因为星巴克引进了公平交易咖啡豆的理念，并加以宣传。

当跨国咖啡经销商某一年因为一批上等精品豆赚得荷包满满的时候，在产地种植这些咖啡豆的农民却没有因此获利，他们种植这些咖啡豆的工资可能一日只有3美金，而采收这些咖啡豆的工资一日只有1美金，他们持续贫穷，三餐不继，更别说接受教育提升技术，或是购入现代化机器、优质肥料来提升咖啡樱桃的品质了。荒谬的是，世界上最具经济价值的作物——咖啡与茶，很多来自于最贫穷的地区，当我们享用着一杯30元咖啡的时候，这杯咖啡为生产者提供的收入可能只有1美金，这种强烈的对比让人感觉很不公平。

长久以来农产品的产销系统生态

农产品从生产到销售，需要经过中盘商、零售商，因为农民只会栽种作物、收成，所以就有所谓的合作社、农会、产销公司，直接向农民收购，再转售给零售商，最后到消费者手上，这过程中的几次转手使得零售价远高于收购价。

例如中盘商向农民收购香蕉时，正当香蕉量产，1斤（500克）收购价为1元，等到要卖出的时候，产地价1斤变成3元，最后卖给消费者1斤5元，如此看起来利润都到了中盘和小盘的口袋里，反而最辛苦的生产者——农民，收益却是最少的。

农产品很容易出现这种现象，尤其是经济作物，例如咖啡、茶叶，随着收购时间、消费市场需求量、种植气候环境优劣等的不同，价格会有很大的波动，当它被放到期货交易市场上，成为投资炒作的工具时，那么买卖这些经济作物所产生的利润，就与生产者脱节了。消费国与生产国之间经济能力的落差也是原因之一。

你在咖啡馆喝着一杯昂贵的咖啡时，辛苦种植咖啡豆的非洲小农获利却很微薄。

市场上品质极高的精品咖啡豆，是有钱也抢不到的。

公平贸易的出现，是为了将销售物资的利润实际回馈给生产者

于是有人站出来想要扭转这个局势，提出"公平交易"，这起源于 1950 年的欧洲，目标是援助发展中国家的生产者，以及保护农业环境生态。

只要农民耕作这些作物能采取友善于环境的做法，就可以获得"长期交易""公平价格"和"奖励金"的保障。因此公平交易咖啡有一个优点，就是产销履历可追溯。公平贸易组织会在这些咖啡豆商品上贴标章，假设星巴克或无印良品购买这些咖啡豆，就要支付标章使用费，以这些费用支持公平交易组织经营运作。咖啡商也得以向消费者宣称他们以实际行动支持这样的理念。

对消费者而言，支持公平交易咖啡是一项选择

公平交易咖啡豆的运作模式，有其崇高的理想性，值得消费者参与，而对于消费者而言，实质上最大的收获应该是购得有机咖啡豆。至于目前实际运作的结果，公平交易咖啡的市场份额不到 5%，对于非洲小农生活的改善有限；此外，咖啡豆的品质有没有因此善行而提升，再度回馈给消费者，形成一个良性的循环？也是一个很大的问题。

对于擅长品尝咖啡的咖啡迷来说，购买公平交易咖啡豆是一项支持咖啡小农的慈善活动，而付出更多金钱购买精品咖啡豆，则是一项支持自己喜爱咖啡庄园的行动。每一个人都有自己喜好的购买咖啡豆的方式，就如同每一个人喜爱的咖啡风味都不同。

随着第三波咖啡革命浪潮席卷而来，公平交易咖啡豆的品质提升幅度能否回应人们在购买咖啡时的慈善行为，形成良性循环？是一大挑战。

喝咖啡对人体健康的助益

或许在你身边也有朋友曾提到：我喝咖啡会心悸、溢酸、失眠。如果是这样，那么我建议他先检视一下自己喝的咖啡的来源，先别急着否定咖啡之于健康的价值。

排除品质不良豆才能喝到真正的好咖啡

好的咖啡豆才有助于身体健康，至于市售许多来路不明的咖啡，品质参差不齐的混豆中甚至可能夹杂了因保存不良而产生赭曲霉毒素的豆子，喝下肚造成的恐怕不只有心悸、溢酸、失眠的问题，长期下来对健康是一大伤害！

一杯好的咖啡不仅风味具足，还有助于身体健康。

一杯咖啡到消费者的手中，真正具备的价值，是烘豆师和杯测师严格把关挑选每一颗咖啡豆，品尝每一口咖啡的专业和用心。

排除瑕疵豆和品质不佳的豆子，回归到咖啡豆的原始风貌，它其实是对健康具有正面意义的饮品，其中所含的单宁酸具有抗菌以及抗病毒的功能，而这种成分同样也存在于葡萄酒当中，每天少量饮用，可以在流行性感冒来临时为身体增设一道防护网。

咖啡中另一种对于健康有益的成分是葫芦巴碱，当你喝咖啡感觉有点苦味，就是这种成分所致。这种成分具有两大特色，一个是可以防止蛀牙，因为它可以避免细菌附着在牙齿上；一个是预防糖尿病。

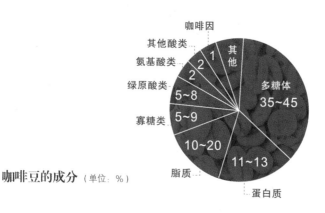

咖啡豆的成分（单位：%）

咖啡因
其他酸类
氨基酸类
绿原酸类
寡糖类
脂质

其他
1
2
2
5~8
5~9
10~20
11~13

多糖体
35~45

蛋白质

流行病学研究报告指出喝咖啡对健康的正面影响

流行病学研究报告是针对一定统计人数进行的研究结果，它不能反推喝咖啡必然有这些好处，但仍可以作为健康饮食的参考。

1. 喝咖啡的人长寿概率较高

2012年5月《新英格兰医学期刊》的研究报告，搜集了40万人的资料，发现一天喝2~3杯咖啡的人（无论有无咖啡因），长寿的概率比较高，尤其在男性当中，喝咖啡比不喝咖啡的男性长寿概率高10%。

2. 喝咖啡的人罹患肝癌的概率较低

日本有两篇研究报告不约而同地指出，喝咖啡的人罹患肝癌的概率较低。

上班族喝咖啡有助于心血管健康

咖啡文化在上班族群里风行，虽然他们喝咖啡多数是为了提神或是崇尚咖啡文化，但如此的习惯其实也有益于改善健康。

在办公室久坐的上班族，容易面临血管弹性减弱的问题，导致心血管健康受到影响，而咖啡中含有咖啡因和绿原酸（多酚），这两种物质能够增加体内抗氧化物的浓度，刺激血管进行收缩与扩张活动，保持血管的弹性，进而预防血栓形成。因此，适度喝咖啡对上班族而言，在身体健康和精神纾压上都具有正面意义。

怕老？喝咖啡吧！

咖啡里含有抗氧化物，能阻止身体发炎、延缓身体老化，尤其对于心血管因老化而发生的各种疾病都有预防的效果。

一些研究报告中也指出，适度喝咖啡可以预防阿尔兹海默症。当然想要延缓老化，维持健康饮食和运动，良好的生活作息，也都是基本必须配合的养生之道。

如何喝咖啡能帮助瘦身？

市面上曾推出减肥咖啡，号称能够燃烧脂肪，但其实只需要喝一般的好咖啡，就有助于提高基础代谢率。

如果要你品味不加糖和奶精的单品黑咖啡，你可能会想：哇，那一定很苦！那你就误会黑咖啡了，很多时候大家会觉得咖啡苦是因为还没有喝过真正的好咖啡。若是你有控制体重的需求，更是要戒除持续伤害你健康的坏咖啡，改喝好咖啡！一杯 100 克的黑咖啡只有 2.55 大卡（1 大卡约 4186 焦）热量，毫无热量负担，而其中的咖啡因能够将身体代谢率提高 3%~11% 不等，越胖就越能够提升代谢率。

当你喝完咖啡的半小时至 1 小时内，咖啡中的咖啡因会加速脂肪转化成游离脂肪酸，使得血液里的游离脂肪酸慢慢地释放出来，想瘦身的人可以把握这个燃烧脂肪的时机。在进入健身房之前可以先喝一杯好的黑咖啡，如此当你进行运动的时候，就能够更有效地达到燃烧脂肪的效果。

喝咖啡的同时也要记得补充水分，一杯黑咖啡配一杯白开水，有益健康。

🔸 咖啡的酸味是对健康有益的物质——认识绿原酸

多数人对于黑咖啡的印象就是"苦"，不敢喝苦咖啡的人，就会在喝咖啡时加入大量的糖和奶精，但好咖啡其实一点都不苦！

一般来说，浅焙的咖啡酸味比较明显，这对于喝惯"苦黑咖啡"的人而言，会有点不习惯，总感觉那不是咖啡的味道，但其实这不但是值得细细品尝的咖啡风味，更是健康的元素。咖啡中的酸味是因为含有各类有机酸，其中一种名为"绿原酸"，根据研究，绿原酸可以提升血管力，减少心血管疾病的发生，同时也有改善糖尿病的功效，此外，它还可以防止身体黑色素沉淀，预防黑斑，可以说是养生兼美容的好帮手。

运动前 30 分钟至 1 小
时之间，喝一杯单品
黑咖啡，有助于运动
时燃烧脂肪。

2

咖啡的烘焙科学

咖啡豆的烘焙科学

一颗咖啡生豆，将会在不同的烘豆师手上展现出怎样不同的风味个性？最后呈现出的香味、酸味、甘甜、苦味又会是如何？

烘豆师的创作手艺决定咖啡香气

咖啡樱桃后制处理成的咖啡豆，称为咖啡生豆。咖啡生豆的含水量约为9%~13%，和一般种子一样，还闻不出什么气味，必须利用火力将水分再烘走一些，由生转熟，豆内蕴含的芳香物和酸甜苦味才会转化出来。奇妙的是，经过这一个烘焙步骤之后，每种外观看起来形状、样貌、颜色差不多的咖啡生豆，就摇身变成风味独具一格的咖啡。

烘焙咖啡豆是一段美妙的历程，它就

像是将每一款豆点石成金一般；在烘豆师手上，它更像是艺术创作，每一次的进豆、每一次的火候掌控、每一批豆子的诞生等，每每都令烘豆师们雀跃不已，这便是烘焙咖啡豆引人入胜之处，也是全球咖啡迷疯狂着迷之所在。

一款好豆子的诞生，来自于咖啡烘豆师的创作手艺；一款优良的生豆会产生怎样的风味，则取决于咖啡烘豆师的创意。

🥄 自家烘焙 VS. 在家烘焙

自家烘焙是日本用语，表示本咖啡馆所卖的咖啡是自己煎焙的，近几年有些咖啡馆在店门口摆设烘豆机器，表示其所冲泡的咖啡都是"自家烘焙"，是具有独特风格的咖啡馆，而消费者在这家咖啡馆所喝到的咖啡风味，在别家咖啡馆是喝不到的。这种自家烘焙咖啡馆就是复制日本咖啡馆的形态，即所谓的"玩家店"，属于风格强烈的个性咖啡馆。

而比"自家烘焙"更有趣的是"在家烘焙"，每一位爱好咖啡的人都可以在家进行，原则上只要找到能将咖啡豆加热到200℃以上的方法，就可以煎焙。当然，在烘焙咖啡豆之前，你必须要了解烘焙咖啡豆的原理，并且了解如何借由烘焙原理，释出其中的千香万味。

01 | 大型烘豆机，平均价位在几万到几十万方元不等。

02 | 传统烘豆方式，是将咖啡生豆放在铁锅里炒。

咖啡豆的烘焙原理关键在湿度管理

喜爱喝咖啡的朋友，会逐渐想自己掌握手中那杯咖啡的风味，他们会开始试着自己手冲咖啡，研究冲煮咖啡的技巧，进而想要从烘焙开始掌控咖啡的风味。是的，同样的咖啡生豆，如何烘焙才能释放咖啡豆最好的风味，一直是嗜咖啡者乐此不疲的研究焦点，也是咖啡烘豆师的创作目标。

将咖啡生豆烘焙成熟豆的过程，就和将食材煮熟的过程一样，在这个过程中，通过水分含量的变化，梅纳反应与焦糖化反应的熟成进展，将咖啡豆由生变成熟，由食材变成芳香物；使咖啡豆脱水去涩，去生涩苦，去粉涩苦，先熟成甜美豆芯再烘干，然后炒香豆表，烤出焦香甜。

烘焙脱水期全阶段都在进行。从豆子下锅以后直到出炉，都有水分从豆中跑出来。可以试试在每个温度阶段下豆出炉，称重计算失去的水分比例，或者取样剪开豆芯观察成色，或测量含水率的变化。

豆表温接近150℃时整颗豆子的水分都被加热透彻，豆子进入"转黄点"，开始大量释出水分，直到170℃"转褐点"，脱水失重的速度才稍减缓，170℃之后进入焦糖化期。在此之前宜仔细地完成整颗豆的脱水，期间运用豆内水分导热将豆芯烘熟。

若豆芯脱水不完全，豆表便已迅速转褐变深，类黑素会持续累积，豆子没脱完水就进入爆点出炉，豆芯没烘熟，味道容易粉涩苦。从烟道的湿度变化去观察评估炉中水分的改变，脱水速度的管理是烘焙咖啡豆的关键。

顺利去涩脱水的关键，并不仅仅在于温度高低或时间的长短，而在于初期能否给予豆子中的水分充足热能，让它充满能量，在豆芯中导热传热，才离开豆子。不妨把烘豆炉想象成微波炉，加热食品中的水分才能使食材成熟。

水分可在豆子中传导热量、促熟、转换成分，进行水解，随着梅纳反应的进行，参与有机酸和芳香物的降解和聚合反应。各个阶段的豆中水分都有它在烘焙进程中

大型直火烘豆机以干净的能源、煤气作为燃料

的角色，前段导热、中段参与、后段则必须脱离豆子。

从含水率 12% 的生豆到只剩 1% 水分的熟豆，咖啡豆经过焖、炒、烘、烤的脱水爆香程序。何时该调整烘焙参数，一直是烘焙咖啡豆的一门学问，前提是在制作时记录完整的烘焙节奏，以及各种操作变因与现象，尤其是水分湿度变化对烘焙的影响。生豆硬度高，火力必须通过豆内水分传导才能深入豆芯，如果能观察到脱水的速度，搭配温升率，便较容易达成创作目标。

咖啡是饮食文化，烘豆是料理，需要科学理解，更需要烘焙者的想象力。

怎么判断咖啡豆有没有烘熟？

咖啡豆有没有烘熟，并不是以酸或不酸来判断，所谓烘焙味道也并不是烘熟了就会有。

咖啡的烘焙跟区域饮食习惯有关，也跟当地的咖啡文化沿革有关，例如：北欧当地在水果和咖啡风味的取向上，都能接受稍微偏向青涩酸甜的滋味，因为一年内只有仲夏日前后短短的夏季日不落，其余季节阳光短暂，冰封冷冽，不能像温带、热带产国就地取得熟甜水果，只能采购早摘青果，利用其后熟期进行跨境长时间运输。

这样的地理环境与饮食习惯，造就北欧地区的咖啡风味偏向浅焙的酸香甜，台湾地区甚至以"北欧式烘焙"来称呼其区域的特殊风味。而这样极浅烘焙的咖啡焙度如果比对日式的焦糖化慢烘重焙，就有可能彼此互相认为没烘熟或烘过头，但其实是区域间饮食文化不同而已。

若烘焙者要判断咖啡有无烘熟或烘过头，必须进到杯测感官鉴定的程序中仔细寻找烘焙缺失。一般消费者只需要回归到感官本能来判断美味与否即可，人的嗅觉和味觉自会发挥本能，判断出可疑的危险或美味，未熟的水果尝起来粉涩酸苦，没

烘豆过程须要凭经验和五感，以及科学数据，才能烘出熟成又美味，有品管依据的咖啡豆。

有透出酸香熟甜的香气和滋味，我们本能上就认定这类未熟甜的草腥味加酸涩感是没有营养的、滋味不好的，甚至粉涩刺激感还会让人感觉咬舌割嘴，生涩苦韵就像咬到柑橘的种子或外皮，而不是焦糖香苦或是巧克力苦。

如果是有烘熟的咖啡则会转酸入甜，不会透出粉涩苦韵，像是掺了苦涩的中药草。有些人则会认为，预期的焙度没有顺利发展出期待的风味，就算是没烘熟，但严格来说只能算是没烘好。

如果杯中出现咖啡炭化的焦苦烟熏味，或是杯中果实感尽失，咖啡喝起来空空荡荡的找不出滋味，甚至连浓稠的醇厚度和油脂感都空掉成炭粉味，就是烘过头了。比较麻烦的情况是烘焙不均，有些豆子过焦、有些豆子未熟，或是内生外焦，导致部分豆表出现陨石坑焦灼点，兼具了

传统咖啡烘豆师，以手写记录每一次烘豆的科学数据，凭感官判断操作每一次的烘焙制程。

粉涩苦与焦熏苦，这些都属于烘焙上的瑕疵风味。一般常说的烘过头，是指把咖啡的内容物烘掉太多，没滋味可寻，因为烘豆是芳香物聚合降解的炭化脱水过程，所以一旦烘过头滋味就空掉了。

每一位咖啡迷心中，都有一杯喜爱的咖啡。要如何重现记忆中咖啡的风味？现在借由 QRS 烘焙研究系统，已经能实现风味品管。

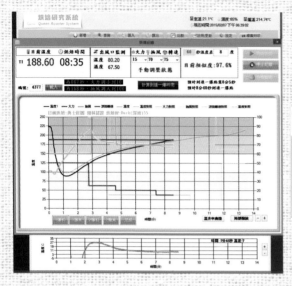

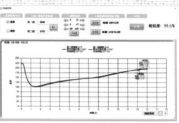

利用智能烘焙系统，能为烘焙者提供上一次烘焙的路径曲线，使两次所烘焙的咖啡豆风味相似度达99.5%。

利用烘焙数据，使每一款豆子的风味都能不断重现

当咖啡文化来到第三波，消费者对自己手中的咖啡风味有更大的坚持与执着，我们发现，过去依赖感性和经验烘焙咖啡豆的做法，已经赶不上咖啡爱好者追求好咖啡的速度了。

势必要辅以"理性的"科学技术，用精准的数据，才能把好的咖啡豆风味留住。因此我们首创具有台湾专利的QRS智能云端烘焙履历系统，将烘豆过程各项变因，例如时间、温度、湿度等数据化，赋予一款豆子自己的好喝密码。可以想象，如果这款豆子受到广大咖啡迷的喜爱，客人希望还可以再喝到相同风味的咖啡，那么你只要有同一批咖啡豆，再以相同的烘焙数据去烘豆，便可以使风味重现，相似度达99.5%。

咖啡 I A（Information Application，数据应用）时代的来临，让烘豆师回到真正创作者的位置

过去烘豆师不但是咖啡豆风味的创作者，也是唯一执行者，在那样的情形下，烘豆师分身乏术，生产量少，品质也难免随着个人因素而有落差。

如今，有了QRS系统科技辅助，可以将烘豆师珍贵的创作历程保留下来，让他有足够的精神和时间，去构思一款好的咖啡豆风味。

烘豆师的作品不再是一锅又一锅的咖啡熟豆，而是每款豆子的烘焙履历，执行者则是具有烘豆技术的技术师，由他来不断重现烘豆师的这个创作。

这就是现在的"咖啡IA"，将重复性高的事务交给科技，而创作者独立于感性发想。

烘豆如同将食材料理熟化，从构思食材的色、香、味，到具体执行，掌握烘豆中的温度、湿度、时间等，整个过程充满挑战，也令人期待。创作完成之后，更困难的是精准再现风味，但迈入 IA 时代，我们已有解决方案了。

咖啡豆的焙度变化

烘焙度是以熟豆的风味为准，而非豆样、豆貌或颜色深浅。因为咖啡是烘来"喝"的，
不是烘来"看"的。

从浅焙到重焙，咖啡烘焙学问大

在烘焙咖啡生豆的过程中，咖啡生豆里的水分会逐渐释放出来，使其重量减轻，同时咖啡豆会膨胀起来，颜色也会逐渐加深。咖啡当中的芳香物带出了这颗咖啡豆中的千香万味，与你嗅觉相遇体验。

入口的酸味会随着烘焙变化，有水果酸、醋酸、柠檬酸和葡萄酒中所含的苹果酸。

一般研判咖啡豆烘焙的进程，可从声音、色泽、香气判断。随着烘焙程度的增加，咖啡豆表皮颜色会逐渐从浅黄变成深褐，香气从清香转为浓郁。

咖啡豆的烘焙程度在各地区的烘焙习惯上略有不同，相对的也有不同的分类方式来区分烘焙的程度。

策划出咖啡豆最佳的焙度和风味

在烘豆过程中，深焙的咖啡豆会出现2次爆裂声响，第一次出现在190℃左右，持续约2分钟，之前淀粉已转成糖类此时再转成焦糖，咖啡豆里的水分会蒸发，豆内成分快速降解与聚合出芳香物，随后在210℃左右出现第二爆，声音比较轻巧细微，这是咖啡豆里的纤维断裂的声音，此时进入较深的焙度状态。

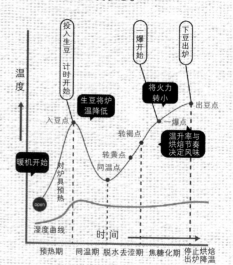

烘焙进程

或许有人在烘焙程度这方面，会越看越糊涂，有时连专家也会感到挫折。为了建立共同的标准，美国精品咖啡协会（SCAA）发展出一套分类标准，而这套

极浅烘焙
Light Roast
留有青草味，但没有香味、醇味

肉桂色烘焙
Cinnamon Roast
咖啡豆的色泽呈肉桂色

中度烘焙
Medium Roast
此阶段还有着强烈的酸味

都会烘焙
High Roast
烘焙到第一次爆裂声响后，正准备进入第二次爆裂

SCAA 8 种烘焙程度等级之分

浅 ① 95 烘焙名称：**极浅烘焙** Very Light

② 85 烘焙名称：**浅烘焙** Light

③ 75 烘焙名称：**中浅烘焙** Moderately Light

④ 65 烘焙名称：**浅中烘焙** Light Medium

⑤ 55 烘焙名称：**中度烘焙** Medium

⑥ 45 烘焙名称：**中深烘焙** Moderately Dark

⑦ 35 烘焙名称：**深度烘焙** Dark

深 ⑧ 25 烘焙名称：**深重焙** Very Dark

标准是依照咖啡豆颜色深浅来判断烘焙程度，共有 8 种烘焙程度等级，以利烘焙者比对使用。

烘豆师在烘豆过程中，也可能用一种"焦糖化分析数值（Agtron Number）"来判定烘焙程度，该仪器的使用判读与分析，是将黑色设为 0、白色设为 100，介于其间的明暗，则分为 8 份，也就是分为 8 种烘焙程度，接着以这 8 种程度的颜色，制作成 8 区块色卡作为比对工具，数值愈低，代表焦糖化程度愈高、焙度愈深。这种判断焙度的方式，是由美国精品咖啡协会（SCAA）推出，搭配的是近红外线测定技术。

然而，光是依赖"焦糖化分析数值"来判定焙度，距离风味准确度还有一段路，因为咖啡豆外表和豆芯的颜色，原本就可能受到很多因素影响，例如：有些豆子外表看起来颜色黑亮，但其实豆芯并没有熟透；又或者是豆子外表看起来颜色浅褐，但实际上中焙的风味已经具足。要注意的是颜色相同并不代表风味变化一致，因为烘焙的节奏有所不同，豆中成分经历了不同的制程，只是最终出炉的颜色较相似。

这也就是为什么一位优秀的咖啡烘豆师非常难得，因为他必须烘过数千锅咖啡豆，具有相当充足的技术和经验，才能根据声音、色泽、香气等多种讯息，策划出咖啡豆最佳的焙度和风味。烘焙制程决定了咖啡豆最终的风味。

简易型色度仪，用来判断咖啡豆颜色深度、焙度。

城市烘焙

City Roast

介于第一爆和第二爆之间，为标准的烘焙程度

全都会烘焙

Full City Roast

此阶段为烘焙到第二次爆裂声正在进行中

法式烘焙

French Roast

此时咖啡豆的色泽呈现出深褐色，苦味甚强，有些人会偏爱该阶段的风味

意式烘焙

Italian Roast

该阶段适合作为意大利浓缩咖啡的原料

市面上最常见的咖啡豆浅、中、深烘焙的特性

咖啡豆的焙度与风味息息相关，又与世界各地文化产生细小而微妙的连结，虽说能够整理出 8 种烘焙度，然而市面上消费者常见的焙度是深焙、中焙及浅焙这三种。

浅焙
有果汁感，丰富的水果调性，带有酸甜的花果酸香气息，能感受到较强的咸感和酸质。

中焙
有核果调性，主要是焦糖、可可、麦芽的味道。

深焙
带有一点巧克力的苦韵，酸味较低，焦糖味香浓。有辛香料、木脂、炭烧味。

☕ 烘焙是燃烧的过程，只减不增

咖啡烘到中焙以后会有焦糖、核果、烤地瓜等味道，而愈往后面烘，一些花果味道会逐渐消失，最后可能只剩下焦味、香味，前面的味道就烧不见了。重焙相较于中焙和浅焙，有不同的风味属性和调性，偏向木质、松脂、辛香料风味。

判别咖啡豆烘焙后的好坏

生豆烘焙成熟豆以后，其实已经不容易从豆样上看出好坏，但可以从几个方面去检视。

从烘焙上
从一整包熟豆的豆样上可以看出是否均匀上色，有无烘焙不均，色差过大，个别的豆表是否有焦黑炭化，甚至崩落出现陨石坑形状的焦黑点，这些会影响到咖啡风味与一致性。不同的烘豆机与烘豆手法则会产生不同的豆样特征，有些直火烘焙的浅焙豆会出现猫脸纹纹，豆表颜色也较深。全热风机的烘焙豆样则较具卖相，个头膨胀较大，颜色偏淡。

从保存上
咖啡豆出炉后立即面临保存的问题，基本上养豆后熟的过程要静置在食品级的卫生包材里隔离光线、高温、空气和外部气压，如此烘焙好的新鲜熟豆会逐日后熟，释放出在熟豆结构内高压封存的烘焙副产品二氧化碳，随着后熟进展程度而逸出豆内气体，也带出熟豆中的芳香物与油脂，像重焙豆起初会点状出油、片状出油，甚至全颗油油亮亮，最后表面油脂又被吸回豆内变成亚光黑。后熟进展的速度视烘焙度与保存条件而定。

运用嗅觉判断
可以先闻后尝，先取单颗熟豆压碎后凑近鼻前闻闻看有无油耗味、腐酸味等坏味道，确认不存在后才进一步咀嚼第二颗熟豆，通过鼻腔吐息，从鼻后嗅觉判断风味的好坏。

咖啡是烘来喝的，不是烘来看的，光从豆表实在难以判断出风味好坏，如果能练习本书介绍的闻香虫程序来判断现磨咖啡的干香气，读者凭着感官本能就能正确地判断出熟豆的鲜香强度，有无油耗味、酸腐味、烟熏味、焦熏味等坏味道。前提是，必须有过美好鲜香的咖啡品闻经验，才有能力辨别出坏味道，建议可以先了解本书中第五章节咖啡烘焙履历，当中即有详实的产区介绍、烘焙制程、熟豆风味等，先听取烘豆师与杯测师专业的介绍，再品味当中的风味转折，累积一段品饮经验后，咖啡达人就是你了！

烘焙后的焙度与风味检测

借由判断咖啡干香气风味与杯测程序，测定熟豆焙度与风味，比对烘焙制程纪录找出变因，拟定优化计划，直到达成烘焙目标。

闻咖啡粉香气

闻香盅的用途

以闻香盅来嗅闻咖啡干香气风味，可了解咖啡后熟的程度，有可能闻到咖啡出油氧化的油耗味、烘焙不当的焦熏味，甚至是潮霉味、过期的烟灰味，能初步判断这款咖啡适不适合继续冲煮饮用。咖啡研磨成粉接触空气后，即开始加速氧化，宜在三分钟内冲煮完成，才能品尝到最佳风味。

[1.]
研 磨

[2.]
水 平 摇 晃

[3.]
闻 上 盖

研磨后立即倒入闻香盅封盖，盅内粉末开始逸出香气，聚集在上盖。

轻轻摇晃，释出更多芳香分子。避免上下甩动使得咖啡粉溢出。

开盖，直接闻上盖轻分子量聚集的上扬香气。

1 杯测准备

图例为三杯，正式杯测为五杯。取 150ml 容量广口杯，倒入研磨好的咖啡粉 8.25 克，预计粉水比例为 1：18.18（研磨度为咖啡粉 70%~75% 通过美标 20 号筛网），研磨后 15 分钟内需进行杯测注水。

2 闻干香气

品闻挥发性香气，开始记录香气的第一印象。

3 注水

加入 93℃ 热开水，达 150ml 满杯停止。

4 浸润

缓慢螺旋注水至满杯，静置 4 分钟待凉，中途不可移动杯子。

5 静置

观察咖啡粉吸水饱和与膨胀吐气的变化，以手腕靠近杯腹测温，等待杯温降至适口温，约 70℃。

6 备杯匙

备妥杯测匙、纸巾、漱口温开水、空吐渣杯、洗匙杯等辅具。

7 破渣

俯身以咖啡匙从杯中心将悬浮湿渣破开，推移至杯缘，闻并记录第一时间破渣而出的湿香气。

8 捞渣

以杯测匙捞取杯面悬浮咖啡粉渣，露出咖啡液。

9 闻湿香气

二度确认湿香气并记录。

10 啜吸

舀半匙咖啡液，靠近上唇后大力啜吸，雾化至口腔内上颚，在口中感受后吐出，吞咽后从鼻腔吐息，记录风味后韵，进行评分并重复确认记录。

11 凉冷

在咖啡温热、中温及全凉时各评分记录 1 次，记录杯测前、中、后段的层次变化，除了正向表列的计分项目之外，也注记负面缺点，注意各杯有无一致性或突异。

12 改善计划

将评分表输入 QRS 烘焙研究系统，转出杯测风味图，输出烘焙履历报表，搭配烘焙制程记录进行烘焙诊断，拟定品管改善计划。

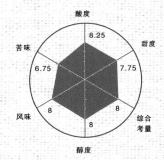

杯测师可根据杯测所记录的评分表，进一步制作成风味雷达图，如此咖啡迷就能从这张图中了解这款咖啡的风味，也有完整的烘焙履历可进一步认识手中这杯咖啡。

选择适合自己焙度的咖啡

无论是浅焙、中焙还是重焙咖啡，都可以多加尝试，喝完之后记录，如此在一次又一次的咖啡巡礼之后，就可以慢慢建立属于自己的咖啡品味系统。

入口能酸转甜、苦转甘、由热到凉推展出层次变化，就是好咖啡

若是问一位消费者，一杯好咖啡的条件是什么？相信多数人会说"好喝"，在这个主观条件下，进而去研究这杯"我觉得好喝的咖啡"是什么豆子？产区在哪里？来自哪个处理厂或庄园？是什么样的焙度？是由哪一家咖啡馆或烘豆师烘制而成？咖啡爱好者从一位老饕进而层层钻研咖啡领域，为的便是"下次还要喝到我觉得好喝的咖啡。"

其实只要黑咖啡没有出现焦、苦、熏、涩的坏味道，入口能酸转甜、苦转甘，由热到凉推展出层次变化，能喝得完的就是好咖啡。如果一杯黑咖啡不加糖和奶精就喝不完，那就不是你喜欢的咖啡，应该要听从你身体感官的反应。

如果是站在从没有学过品咖啡的立场去评断一杯咖啡好或坏，只需要达到咖啡喝起来没有坏味道，加上感官和生理反应都喜欢这两个标准即可。倘若你是有心学习喝好咖啡的自学者，也建议由这两个条件开始品尝自己所喝的咖啡。

无论是浅焙、中焙、重焙，都可以多方尝试，甚至在仔细品味、喝完之后记录，如此在一次又一次的咖啡巡礼之后，你就可以慢慢建立属于自己的咖啡品味系统，届时再对照书中第五章的风味说明，便更能通透。结果可能是，各种焙度都有你所喜爱的咖啡豆，实在不能一概而论。

过去由于我们咖啡喝得太少，也对手中这一款咖啡的来历一无所知，只能凭借媒体行销广告或电影对咖啡产生模糊的感性印象，以致于我们尚未形成有系统的、普遍的咖啡文化。我们有茶文化和米食文化，因此若问你要选什么茶？什么米饭？你一定知道自己的喜好，可是相对的，我们还没有完全认识咖啡文化或葡萄酒文化，还需要进一步跨越这个鸿沟。本书所谈的咖啡烘焙履历用意即在此。

烘焙履历
你的咖啡品味系统

- 喝到一杯好咖啡
- 尝试不同风味的精品咖啡
- 下次还想喝到同样风味的咖啡
- 了解更多咖啡相关知识，选择多样化
- 了解这杯咖啡选用的咖啡豆产区、焙度等相关讯息

世界各地咖啡文化和焙度之间的关系

不同国家造就不同咖啡风味

每个人喜好的咖啡焙度和他的饮食习惯有关，而饮食习惯又和当地的历史有关，也与咖啡的历史有关。

维也纳的咖啡以加奶（甚至还要再加入淡奶油或酒），搭配甜点为特色，诉求奶香、糕点甜味、酒的发酵甜味。

世界音乐之都维也纳，有百年的咖啡厅文化，文人雅士汇集。

这个文化是如何形成的呢？因为维也纳以往只能通过土耳其拿到较不适合原味饮用的咖啡豆，只好以重焙烘掉咖啡豆里面不好的味道，剩下焦香味，再佐以相当浓郁的奶甜香，以取得好口味的平衡。

不只是维也纳，土耳其也不生产咖啡豆，所以土耳其咖啡同样烘得很重，磨得很细，然后用个长柄小铜壶在炙热的沙子上慢慢煮，最后还要加上大把砂糖。

你可以观察这些过去拿不到好咖啡豆的国家，其咖啡文化多以重焙为主，取其咖啡的焦香味，而萃取方式也以慢滴过度萃取为主。越南咖啡的慢滴加炼乳即为一例。

至于那些较有能力拿到好咖啡豆的国家，其咖啡文化就偏向浅、中焙，口味偏酸。例如北欧那些有海权的国家，战力最强，能轻易取得好咖啡豆，所以北欧人习惯喝咖啡，几乎不喝水只喝咖啡，他们喝的咖啡粉水比为 1∶8~1∶9。

我们再看意大利咖啡，会发现南意的咖啡豆烘焙比较深，而北意的咖啡豆烘焙比较浅。意大利人比较聪明，他们会用混豆，再加以重烘焙，借此除去坏豆味，冲泡时再细研磨，用高温高压榨出浓缩咖啡液，加入奶泡，做成各种花式咖啡。

把咖啡豆磨得很细，再放入小铜壶里，加入大把砂糖，置于热沙子上慢慢煮，这就是土耳其咖啡。

057

完美萃取，
品尝一杯好咖啡

'3

冲煮出一杯好咖啡

近几年，单纯买一杯咖啡已经没办法满足热爱咖啡的人，咖啡狂热者更进一步想研究调制专属于自己口味的咖啡。

第三波咖啡文化的演变

以往人们在咖啡馆享用咖啡师调制的咖啡、在自家冲泡三合一咖啡。如今咖啡爱好者已经不能满足于专由烘豆师和咖啡师调制的咖啡，而是想更进一步研发自己喜爱的咖啡口味。因此，咖啡迷从过去几年使用各种咖啡器具研磨咖啡豆、冲煮咖啡，到近几年自家烘焙咖啡豆已蔚为流行。

通常消费者从市面上购买的咖啡豆已经烘焙完成，能自行掌握的便是将烘焙好的咖啡豆研磨成粉，以及冲煮咖啡。

咖啡粉的研磨是冲煮的第一步

将烘焙好的咖啡豆研磨成粉，是冲煮咖啡的第一步。咖啡粉颗粒的粗细与咖啡豆烘焙程度，以及冲煮咖啡的方式有着密不可分的关系。一般来说，深焙的咖啡豆适合研磨成较大颗粒，与热水接触的时间也较短，如此冲煮好的咖啡才不会因过度萃取出现苦涩味，而其中数据的拿捏则需要靠经验以及个人喜好慢慢调整。

除了焙度决定咖啡研磨的粗细之外，还有冲煮咖啡使用的器具，以及咖啡粉与热开水接触方式与时间不同，所需要研磨的粗细程度也不相同，因此研磨程度也需要从冲煮咖啡的器具以及冲泡方式来判断。若是从市面上直接购入咖啡粉，多半是研磨成"中细"的程度，以符合多数人家中美式咖啡机冲煮咖啡的需求。

极细

颗粒大小
近似白砂糖粉。

适合的冲煮机器
· 意式浓缩咖啡机
· 土耳其咖啡壶

细

颗粒大小
介于白砂糖粉与细砂糖之间。

适合的冲煮机器
· 爱乐压
· 经典摩卡壶

中细

颗粒大小
近似细砂糖，多数市售研磨咖啡粉为此大小。

适合的冲煮机器
· 美式咖啡机
· 手冲壶
· 法兰绒滤布

中

颗粒大小
介于细砂糖与粗粒砂糖之间。

适合的冲煮机器
· 冰滴壶

粗

颗粒大小
近似粗粒砂糖。

适合的冲煮机器
· 法式滤压壶
· 赛风壶

买现成的咖啡粉与自己研磨咖啡豆有什么不同?

其实就是风味保存和受潮氧化的问题。如果购入的是已经磨好的咖啡粉,其与空气的接触面积比咖啡豆大许多,受潮和氧化的风险就会增加,风味逸失得快。喝咖啡比较讲究的人会选择购买新鲜烘焙的咖啡豆,要喝咖啡时依需要的量研磨,较能喝到完整的咖啡风味。

研磨咖啡的注意事项

咖啡豆经过研磨之后,与空气接触的表面积增加,氧化的速度变快,在这个情形下,蕴含在其中的咖啡油脂也会跟着加速产生酸败味道,导致冲煮好的咖啡出现油耗味、腐酸以及其他不好的味道。所以,研磨咖啡豆时若没有留意,很可能就会把一款好豆子煮得难喝。

通常研磨咖啡时需要注意的是"时机",应该在冲煮咖啡前,才根据要冲煮的粉水比决定研磨的量。

除了时间之外,研磨过程产生的温度也需要控制,因为温度愈高,愈容易造成咖啡粉质变,产生不好的味道。

另外,研磨过程需要尽量保证咖啡粉颗粒大小均匀,形状一致,控制细粉的产生。所谓的"细粉",就是在研磨过程中,出现了比你想要的颗粒还要小的咖啡粉,例如你想要磨出"中细",但是也出现了"细"以及"极细"的颗粒。假设你使用的冲煮工具是适合"中细"颗粒的美式咖啡机,那么这些"细"以及"极细"的颗粒会优先溶入热水中,破坏了原先设定好的咖啡风味,有时甚至会因过度萃取而产生苦味。

以上都是研磨咖啡时需要注意的基本事项,有助于做出极致美味的好咖啡。

磨好的咖啡粉需要筛去细粉吗?

细粉是不在研磨粗细目标的"不速之客",但它也是咖啡粉,也具有咖啡风味,该筛去还是不筛去?看法不一。有人认为,为了追求味谱集中、干净、一致的风味,并稳定咖啡的萃取率,应该筛去细粉。但也有人认为,细粉的存在反而增添了咖啡的繁复风味,丰富了味谱,增加了口感。

其实主要还是看后续冲煮手法的细腻度。细粉多,冲煮时干扰就多,若没有高超的冲煮技巧,很容易让咖啡增添苦味。

细粉的问题,使用专业磨豆机一般都能解决,若是使用平价磨豆机,建议在萃取咖啡之前,先将细粉筛在一个盘子里,等待萃取到后段之后,再将这些较容易与热水融合的细粉加入即可。

若要追求极干净的风味,可以使用咖啡筛粉器,将磨豆时出现的细粉筛掉,于萃取后段时再加入。

冲泡一杯美味咖啡的科学原理

如果说冲泡咖啡的目标是得到杯中物"适口的浓度与合宜的味谱频段",那么不妨先了解一下咖啡总固体浓度 TDS 与萃取率的定义,接着再了解固态的咖啡粉能被萃取而溶入水中的科学原理,最后才试着练习调整出自己的冲煮技法(参数),以达成冲泡咖啡的目标。

了解浓度 TDS 与萃取率

浓度 TDS 是指杯中的咖啡液溶入了多少来自咖啡粉的总固体量/水溶液体积,分子(溶入的可溶性物质)数值愈大,口感冲击愈强烈,分母(水)愈大,口感愈淡,一般 TDS 浓度在 1.3%~1.5% 之间为适口的品饮范围,若是过度浓郁,口感虽有强烈冲击感,却妨碍了杯中滋味的开展,超出感官所能解析的范围;若过于稀薄则会失去口感,虽然容易细品出滋味,却称不上感官的享受。

萃取率是指咖啡粉被萃取出的物质的占比。溶出物中有可溶性的芳香物,也有咖啡油脂、焦糖、咖啡豆纤维等,跟茶叶冲泡一样,被溶出的比例过高时(过度萃取),一些不受欢迎的苦涩味道也会随着溶出物进入茶汤里;失重的比例过低时(萃取不足),咖啡里的芳香物、油脂、酸甜苦咸等各种口感未达平衡,风味变得偏咸而酸。因为各种风味的溶出有出场顺序,也跟使用萃取的条件(温度、压力、时间、研磨度、粉水比例等)有关,一般建议落在 18%~22% 之间的失重比例(萃取率),较能得到口感平衡的风味。

什么是"金杯萃取"?

当一款咖啡经过冲煮后,假如失重比例在 20%(100 克咖啡粉冲煮之后拿去晒干,咖啡粉剩下 80 克),这样的萃取在品尝时是最甜美的,酸甜苦咸是最平衡的。有些人喜欢喝浓重一点,就可萃取到 22%,有些人喜欢喝淡爽一点,就只萃取到 18%。如果咖啡粉萃取后,失重率落在 18%~22%,TDS 浓度落在 1.3%~1.5%,那么这一杯咖啡就可称为"金杯",即世界上公认这样的咖啡最好喝。过去仰赖咖啡师的经验以及高超的冲煮咖啡技巧,才能获得一杯金杯的萃取,如今科技发达,已经有全自动电脑金杯萃取机,只要输入特定参数,便能冲煮出接近完美的金杯咖啡。

赶走空气、饱和、溶解、扩散，萃取的科学步骤

1. 存豆释气

咖啡豆内部坚实的结构当中，贮存着烘焙后产生的压缩空气与焦糖、油脂与芳香物，可以试着把它想象成蜂巢结构，内部闭锁着高压空气与固态的焦糖结晶。这也是为什么新鲜烘焙后就封装入袋的咖啡包装会逐渐膨胀鼓起的原因，因为当咖啡豆逐渐后熟，会释放出闭锁住的压缩空气，带出当中的芳香气味与油脂，直到豆子的内外压力达到平衡状态。

2. 赶走空气，吸水饱和

当我们企图以热水透入内部结构溶解出咖啡豆当中的成分时，第一个步骤是研磨以释放出闭锁于其中的空气，这就是逸散挥发出来的干香气。第二步是进行焖蒸润湿：先加入少量的热水，等待咖啡粉进一步释出空气，让妨碍热水接触溶解的空气被赶走，于是热水就渗入粉粒结构当中，粉粒呈现吸水饱和的状态，此时会闻到咖啡物质溶于水后发出的湿热香气。

3. 溶解，扩散

粉粒中的热水对咖啡粉中的可溶物进行溶解，当粉粒充分吸水饱和后便基本完成。此时再加入热水搅拌进行扩散作用，使粉粒当中的高浓度溶液往外围的低浓度区域扩散。注水量越多，萃取率越高，但溶液的浓度也会同时被水稀释。

影响萃取的冲煮技法

无论所使用的萃取器材与技法是什么，最终目标都是得到杯中物"适口的浓度与合宜的味谱频段"，萃取的进程皆是赶走空气、饱和、溶解、扩散等科学原理。我们借由不同的冲煮器材与技法（冲煮参数），得以达成预定的萃取目标，调整出适当的萃取率与浓度。读者不妨试着以简易的电子秤、温度计、秒表来玩玩萃取实验，改变并记录你所惯用的冲煮参数对咖啡风味产生的影响，分别做出定量定性的实验，便能彻底理解冲煮参数所代表的科学意义。

1. **研磨**：颗粒的大小、形状、均匀度、残粉量。

2. **温度**：95℃高温冲煮与接近冰点的冰萃。

3. **粉水比**：改变咖啡粉量跟用水量的比例关系。

4. **时间**：各个萃取溶出阶段的时间长短。

5. **搅拌**：增进溶解与扩散的效率。

6. **施压**：快速榨出油脂，萃取出放大风味。

7. **烘焙度**：结构松脆的重焙豆与质密坚硬的浅焙豆。

8. **新鲜度**：后熟进展逐日改变了蕴含的空气量与风味。

9. **水质**：咖啡主要由水组成，软水或硬水会直接影响萃取与口感。

10. **器材**：变换萃取器材，体验其萃取方式与原理的相通处。

咖啡粉粗细是否均匀也会影响萃取的完美度。

总固体浓度测度仪，简称为TDS浓度计。使用检测仪器设备是必要的，除了靠感官之外，检测数据有数据化精准度的优点。

冲煮香浓咖啡
的方式

01.

手冲咖啡

1.

称重

依粉水比例（1：10~1：15）称出所需豆重。一般以 14 克咖啡粉冲煮一杯 150ml 的咖啡。

2.

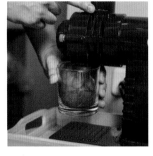

中度研磨

手冲方式可选择磨豆机中等研磨刻度，记得摇匀最后磨出的细粉。

3.

折纸

将滤纸折成漏斗状，折出折痕以增强结构。

7.

破渣注水排出空气

当膨饼已呈现萎缩状态，咖啡粉不再释出空气，即第二次注入预计总注水量 1/3 的水，从湿热膨胀呈饱和状态的咖啡膨饼中溶解出浓液，破渣释出湿香气。

8.

分段注水

持续螺旋式稳定注水，先由内而外，再由外而内画圈达预计的粉水比总用水量，最后定点停驻，以细水柱力道翻搅，赶出底部空气，达到总水量，进行溶解与扩散，释出咖啡粉中的可溶性物质，目标萃取率为 18%~22%，TDS 浓度为1.3%~1.5%。

9.

滴落与称重

达总注水量后停止注水，等待液面下降露出滤粉层。

4.

烫洗与温壶

去除滤纸味道并暖壶，倒掉洗壶水，确认手冲壶内水温达 90℃。

5.

布粉、扣重归零

落粉前先摇匀，避免细粉末堵塞滤纸底部，确认粉水比例。

6.

首段注水焖蒸

轻柔地注入比粉重 1.5~2 倍的 90℃ 热水，使咖啡粉充分吸水饱和，胀成膨饼，释出咖啡粉中的空气，时间在 1 分钟以内。

10.

移开上壶

舍弃后段滴落的淡味咖啡，溶液即完成。

02. 螺旋注水吧台手冲机

1.

检查冲煮参数设定

送电开机预热，确认杯数、水温、筒式或分段式、供水存量（营业用机另有自动进水功能）设定值。

2.

称重、研磨

依照原厂金杯冲煮参数建议书即可达成目标萃取率 18%~22%，TDS 浓度 1.3%~1.5%。比照手冲方式选择中等研磨刻度，摇匀最后磨出的细粉末。

3.

折纸

将滤纸的接缝边折起以增强结构，这样在冲洗滤纸时滤纸能与壶壁贴合，不崩塌。

4.

温壶后布粉

先冲洗滤纸，一并温壶，而后倒掉洗壶水。落粉前先轻拍摇匀咖啡粉，避免细粉末堵塞滤纸底部。

5.

启动自动螺旋注水

等待滴漏出一壶好咖啡。

6.

摆盘出杯

完成咖啡液萃取。

03.

爱乐压

1.

组装滤纸

检查配件，安装滤纸，压筒在下，滤筒在上。

2.

称重、研磨、倒转柱筒、布粉

依粉水比例计算豆重，采细研磨以快速萃取，磨粉后倒进滤筒。

3.

注水、焖蒸、搅拌

注入 90℃热水使其吸水饱和，焖蒸一段时间释出咖啡粉中的空气，再进行搅拌。

4.

萃取

锁上滤纸层，翻转柱筒后施压，保持稳定的压力，缓缓榨出咖啡溶液。

5.

完成

得到油润饱满浓郁，并有放大风味效果的爱乐压浓缩咖啡。

1.

下壶注入称重后的热水

下壶注入标准杯为 150ml 的热水，使用热水可缩短加热时间。

2.

称重与研磨咖啡豆

依粉水比（1：9~1：15 不等）计算所需粉重并称好，采粗研磨以耐烹煮。

5.

分两次搅拌，判断湿香气

焖煮后二次搅拌，释出咖啡粉中空气，使其均匀萃取。

6.

快速冷却下壶，过滤上壶萃取液

移开热源约 1 分钟，粉层呈现分层沉淀状态，即可用湿巾对下壶吸热冷却，使上壶萃取液快速通过滤布回到下壶。

3.

装设上壶滤布，加热下壶

注意保证加热能源充足稳定，
悬臂稳固，以及滤布卫生清洁。

4.

水位升至上壶后布粉

当水位上升至上壶后开始布粉，关小火保持液位升至上壶，
轻柔布粉。

7.

松开上壶，移至立架

扶稳悬臂，轻柔松开上壶，以立架承接，小心烫手。

8.

出杯前品饮

品饮成果并记录冲煮参数（粉水
比、搅拌与冷却的时间点等）。

法兰绒滤布

冲煮香浓咖啡的方式

1.

称重、研磨

依粉水比例（1：9~1：14）称出所需豆重，选择研磨刻度在中等粗细。

2.

布粉

铺上滤布，落粉前先摇匀咖啡粉。

3.

首段焖蒸

秤扣重归零后，轻柔敷上两倍粉重的88℃热水，焖蒸出膨胀的咖啡膨饼，使咖啡粉吸水饱和。

4.

破渣螺旋注水

当膨饼开始萎缩下陷，代表咖啡粉已吐气完成，时间在1分钟以内，比照手冲方式缓慢轻柔地螺旋注水，水柱均匀地搅拌，持续赶出咖啡粉层中的空气，进行溶解与扩散作用，直到总水量达到设定的粉水比。

5.

沥干舍弃后段

当液面露出滤粉层时即可舍弃袋内咖啡渣液，清洗法兰绒滤布并沥干冷藏备用，避免细菌滋生。

6.

风味特色

法兰绒布过滤的效果不如滤纸来得纯净剔透，萃取率较高，味谱表现上凸显油润饱满。

06.

聪明滤杯

1.

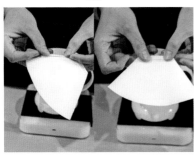

折纸

将滤纸侧面与底部接缝压合处分别折向不同面，以增强结构。

2.

粗研磨

聪明滤杯有浸泡功能，可采粗研磨，避免过度萃取。

3.

布粉

铺上滤纸后布粉，咖啡粉称重后归零，建议粉水比为 1 ：18。

4.

注水、贮水、浸泡

称重注入 90℃热水直到符合粉水比目标量，例如 8.5 克粉约兑 150ml 水，而后浸泡数分钟。

5.

移入下壶滴漏

聪明滤杯一放上盛杯即快速漏尽萃取液。

6.

风味

可以视为滤纸滤过的杯测风味，味谱完整而风味干净剔透。

挂耳包的选择与冲煮方式

挂耳包的发明提升了喝咖啡的便利性，它拥有快速、方便、不需冲煮器具的优点，是许多喜爱喝咖啡人的首选，人们不需要有达人的技巧，也能享受手冲的乐趣。

挂耳包的发明提升咖啡饮者的便利性

挂耳包是第三波咖啡文化非常重要的发明，它满足了咖啡饮者想要借由手冲咖啡掌握咖啡风味的欲望，同时又为咖啡饮者剔除了研磨咖啡豆、准备冲煮器具的麻烦，直接将咖啡研磨成适当的粗细，封装在密封袋里，完全保留了咖啡豆刚研磨好的风味，而咖啡饮者只要撕开包装，将特殊设计的挂耳包套在杯子上，再加入热水，便能够享用现冲咖啡。

一般市售挂耳包咖啡的焙度是以中焙或重焙为主，提供过度萃取的空间，但顶级精品挂耳包，仍有浅焙、中焙、重焙三种烘焙程度供消费者选择。

好的挂耳包新鲜包装、保存良好，进入后熟后风味更好

咖啡豆要烘到200℃以上，在这个过程中脱去大量水分，降低了腐坏的风险，如果放在食品级的包装容器里面，通常可以保存2年不坏，因为它只有1%左右的含水率，可说是极干燥的熟果实（市售绿豆、红豆，通常含水率大于10%）。

咖啡豆或粉若是保存不当，放久了会有油耗味（即哈喇味），这就是我们打开挂耳包第一时间要判断的，出现油耗味的咖啡当然不是好咖啡，通常伴随着腐酸味与烟垢味。

咖啡烘好后会产生大量的二氧化碳，这些二氧化碳在研磨之前都被压缩、挤压在咖啡豆的结构里面。烘好的咖啡豆，如果是重焙，结构会比较松散，包含较多气体；如果是浅焙，则结构比较扎实。所以重焙的咖啡豆放到包装里面，排气后熟时膨胀得就比较快，这就是吐气、养豆的过程，空气会被释放出来。在这个吐气的过程里，也会把油脂带出来，这个后熟过程称为养豆，意思是这款豆烘完之后它还是活着的，它还是会吐气，它的风味还是会改变，像香蕉一样会后熟所以豆子刚烘完后可能会有一点点锅气（如果是浅焙，可能会带一点点生涩，微微的刺激感；如果是重焙，可能会带一点烟熏焦炭味），当我们让它吐气后熟3天、5天、7天后，会发现坏味道愈来愈淡，好味道愈来愈浓。此后若妥善地保存，放置2年没有问题。但如果保存不良，湿气、氧气、光线侵入进去，那么咖啡豆就会发霉氧化，而产生酸腐、油耗味。

新鲜烘焙研磨的咖啡粉密封包装之后，会在包装里释出二氧化碳，使得挂耳包摸起来膨膨的。

如何选择好的挂耳包？

如今市面上的挂耳包咖啡品牌非常多，包含连锁企业所推出的挂耳包，也包含自家烘焙及在家烘焙的挂耳包，各有各的风味支持者。在追逐各种风味之余，回归到"咖啡是饮品"的原点，我们该如何从食品安全与卫生的角度来检视一个咖啡挂耳包的品质呢？

粉量要足够，才不容易过度萃取而喝到坏味道

市面上的挂耳包咖啡粉，通常是8克、9克、10克、12克、14克包装，但8克和14克差了近1倍，用意是什么？因为生产者评估过消费者的冲泡习惯，他们容易将咖啡粉注入太多热水，容易造成过度萃取，而使风味偏离金杯的美味。

一般消费者都习惯用马克杯冲挂耳包，所以最少会冲180ml水，甚至会冲到300ml。想想看，如果8克和14克同样冲到180ml会发生什么事情？8克的会过度萃取！这么一来，咖啡味道就会变得太淡。在这个现实之下，如果要提高咖啡的滋味，业者只好采取重烘焙、细研磨，让消费者有过度萃取的空间，但这么一来容易萃取到不好的味道。

一般买到的挂耳包几乎都是重焙，少有浅焙，只有极讲究挂耳包品质的咖啡厂商，才会提高成本和售价，做出浅焙、粗研磨以及粉量足重的挂耳包，达成金杯目标供消费者选择。专业咖啡馆以14克冲煮出一杯150ml的咖啡，若粉水比例悬殊，风味自然不足。

目测包装是膨胀的，不是硬扁的

品质好的挂耳包，会在预约烘焙好咖啡豆之后，立即进行研磨及包装，将新鲜咖啡粉密封，让咖啡粉在里面继续吐气（二氧化碳），因此袋内膨胀也证明包装完整，没有失效漏气。

可以观察市售一些挂耳包有没有膨胀感，若是扁扁的，那么你可能要考虑它是否存在两个问题。

第一个问题是，它可能不是烘焙好就立即进行研磨包装，当它包装的时候，那些研磨好的咖啡豆已经吐气完成，距离烘好豆子已经有一段时间。烘好的豆子若是没有立即完善保鲜，就很容易氧化或发霉。第二个问题是，它的包装可能有破损，以至于氧气和水汽侵入，日后可能导致咖啡粉变质。

咖啡粉有没有必要充氮保鲜？如果你了解咖啡粉后熟吐气的特质，就知道新鲜烘好的咖啡粉会持续吐出二氧化碳，而二氧化碳是惰性气体、最好的保鲜剂，便不需要另外充氮保鲜。

通常需要另外充氮保鲜的咖啡粉，可能是已经吐气完成，自己无法继续制造天然保鲜剂，此时为了延长它的保存期限，额外充氮包装不失为好方法。

打开包装，闻到的是咖啡香味而非油耗味、酸腐呛味、烟灰味

咖啡是芳香物，有轻分子量和重分子量，轻的会往上走、先挥发掉，所以腐坏的咖啡粉里面可能只剩下重分子量，也就是油耗味。

这时包装里的咖啡粉可能是氧化、受潮了，从后熟变为过熟，甚至腐坏。大部分的人强调他不喝酸的咖啡，所指的正是这种酸败腐坏的味道。但如果没有闻过新鲜咖啡的味道，就无从分辨其新鲜度。

挂耳包有效期限，愈久愈好吗?

咖啡是食品，所谓的"赏味期"当然是愈短愈好，毕竟任何保鲜方式都不能百分之百保证毫无变质风险。

如果咖啡以食品级保存方式来妥善密封保存，2 年之内的保存期限是合理的。市售的挂耳包保存期限有 6 个月、18 个月、24 个月，是消费者比较易懂的选择方式。

当然有些厂商追求供应更高品质的挂耳包，包装上会同时打上烘焙日期和生产日期，提供给消费者最明确的食品资讯；而有的是采取更少量预订方式提供挂耳包，消费者预约之后才进行少量烘焙，并立即封装，开封时会有非常明显的鲜香。

如何冲泡挂耳包?

以挂耳包净重 14 克包装为例
每包粉重 14 克可冲 14 克 X（11~13）倍 ≈ 150~180ml，可依照个人喜好的浓度改变。每杯 180ml 以内为适当。冲泡时分为两段。

1.

撕开滤挂内袋，挂好耳朵，使其悬空，高挂离开杯底。

2.

首段注入 85℃热水 20ml，停留 20 秒，润湿粉末。

3.

润湿后持续缓慢注水，萃取出 150~180ml 咖啡液。

如何品尝一杯好咖啡

每一个人都有自己对饮食的喜好，咖啡爱好者也是如此，各有自己喜好的咖啡风味，而且那可能连结着一种感觉、一段记忆，牵引着生命中的一种情感或情绪。

喝好咖啡，是进入咖啡世界的第一步

"其实，咖啡喝起来都很苦，但是咖啡香气实在很迷人。"

"连锁品牌咖啡很好喝，但好像喝到的都是奶香和糖香，喝不出咖啡豆的个性。"

相信这是许多常喝咖啡的人的共同心声。每一个人品尝食物的味道，感受都有所不同，喝咖啡也不例外，每一个人从同一杯咖啡里所品尝到的感觉也都不同。想要煮出一杯好咖啡，前提就是要知道，我们在一杯咖啡里能喝出、嗅出哪些味道？再通过烘焙履历的引荐或在冲煮过程依据咖啡师的专业建议，慢慢调整出自己喜欢的口味。

有些咖啡爱好者到后来不只是满足于一种情感或情绪氛围，还希望进一步了解自己喜好的这一杯咖啡，那么他便准备好进入咖啡世界了。我会建议，从喝好的咖啡开始。

若是要定义一杯"好的咖啡"，我想，从"食品的新鲜度、品质"这样基本的角度来看，是最客观的。咖啡的问题是出在它芳香物太多太浓，风味太丰富，以至于会模糊掉你的判断。人类从咖啡里能判断出的芳香物就高达数百种，因而一般人如果喝到过期的、油耗味的、腐酸味的、不舒服的坏味道，也很难从这数百种味道中辨识出来。

不好的咖啡豆甚至掺杂了发霉的瑕疵豆，使得咖啡爱好者喝了咖啡伤了身体却不自知。所以供应咖啡给消费者的厂商很重要，它必须要有足够的专业知识与技术，对咖啡品质精益求精，坚持提供好品质的咖啡，这些无论对于连锁咖啡厂商、自家烘焙业者或在家烘焙者，都是应该具有的最基本的责任。

咖啡风味知识和烘焙履历就变成了咖啡迷需要了解的共同语言，甚至当你购买咖啡时，也要通过这些共同描述，去想象、理解一位烘豆师所告诉你的，关于这一款咖啡豆的风味讯息。

借助咖啡风味轮来喝懂咖啡

咖啡风味描述语言，自然可以通过每一个人感官理解的不同，而有不同的叙述，只要你所描述的感官经验，对方听得懂、能理解就可以了。不过一开始品尝单品咖啡并不容易描述出风味，所以我们会借助咖啡风味轮，协助咖啡初学者进入咖啡风味的世界。

我常常问一些喜欢喝咖啡的朋友，有没有特别喜欢喝哪一家店的哪一款咖啡？为什么？

很多人都会告诉我，他们确实特别喜欢去某一家咖啡馆点某一款咖啡来饮用，

美国精品咖啡协会　　咖啡风味轮

浅焙的咖啡有水果酸、花香、蜂蜜果糖甜感。中焙咖啡有果实感、核果、坚果调性，有黑糖、蔗糖甜。深焙咖啡则有焦糖甜，木质草药味，甚至辛香料味、松脂味。

但要说到为何喜欢？味道如何？却说不上来。原来，喝懂一杯咖啡，是需要经过训练，也需要经过学习的。

品尝咖啡是一种感觉，而喝懂一杯咖啡则是一种知识训练，两者交互影响，会将你引领到美妙的咖啡世界里，而这也是出版此书的初衷。

一般我们品尝一款豆子，会从它的"干香"开始，将磨好的咖啡粉放在闻香盅里面，水平摇晃，打开闻上盖，享受咖啡豆的香气。接着我们会进行冲泡，闻它的"湿香"，与干香又是截然不同的香气。

然后进行啜饮，以舌尖和舌根，去感受、辨识咖啡液有哪些味道？一般用手冲方式冲煮咖啡，味道较干净，可以较清楚地感受到咖啡干净的味谱。

最后回香的是脂溶性香气，必须借助嘴巴里的温度，再经过鼻腔吐气出来，才能从鼻后嗅觉闻到。

举例来说，当我们喝到一杯咖啡时，对照风味轮，觉得它酸酸的、酸甘、香气浓郁，有巧克力韵、焦糖味，如果再往下找，我们能辨识焦糖是属于哪一种焦糖吗？

假如我们分辨不出来，不是我们的鼻子和舌头有问题，而是我们没有把那个记忆联结，可能已经喝到那个味道了，但是感官经验中找不出相关的嗅觉经验，足以描述出这个味道。

因此，要"喝懂咖啡"，需要三个条件。第一个是，你有没有类似的味觉、嗅觉经验？假设你从来没有吃过火龙果，那当然无法说出火龙果的味道。

第二个是，那个记忆有没有和你现在的情境关联？如果它不存在于你的饮食文化和生活经验里面，你就分辨不出来。

第三个是，语言的沟通要有共识，你说的香气和我所经验的是否一样？

以上三个条件不容易一次满足，也需要很丰富的生活经验，建议可先了解咖啡烘焙履历，听取烘豆师的介绍，再品味当中风味转折，累积的经验越多，那么你能喝得懂的咖啡味谱就越广。咖啡千香万味，有数百种香气可以呈现，辨识风味的过程乐趣无穷。

咖啡壶

开水杯

分享杯

品尝杯

咖啡壶

萃取好的咖啡液注入透明咖啡壶中，能观察咖啡液的颜色和净透度。尖口设计，方便将咖啡液倒出品尝。握把设计，方便拿取刚冲煮好的热咖啡。

开水杯

放置白开水。每一次啜饮品尝咖啡之后，可以喝一点白开水冲淡嘴里的味道，那么下一次啜饮品尝，就不会被上一口咖啡的味道混淆。最后咖啡的甜感会转移到白开水中。

分享杯

将咖啡壶里的咖啡液注入分享杯，与朋友分享自己所点的咖啡。

品尝杯

将咖啡壶里的咖啡液注入品尝杯，品尝咖啡。宽口，便于闻香；小杯，便于小口啜饮品尝。

第三波咖啡文化将消费者从"喝咖啡"的层次提升到"品咖啡"的层次。

品尝咖啡需要搭配白开水

品尝咖啡的过程，需要喝几口白开水来隔开味道，把前一口的味道归零，让感官能恢复敏锐，好继续品味杯中滋味，体会咖啡随着温度改变而呈现的层次变化。最后感受到咖啡的甜感转移至水中。这方法也能帮助你代谢掉咖啡因，提高代谢率。

练习品尝咖啡，喝出其中变化

喝咖啡要一小口、一小口，像品红酒一样慢慢喝，喝到完全凉了为止。不要急着趁热喝，好咖啡放凉了才好喝。

每一口都会随着温度变化而展开层次。前两口舌根会苦，待温度适口时，慢慢由苦转酸，生津化唾。

待喝到第五口以后，咖啡会由苦转甘，由酸转甜，开始回韵，带出舌面甜感。最后会出现焦香甜感，停留在口鼻之间。

喝咖啡时先含在嘴里轻轻搅动，甚至小漱口，等吞咽入喉后，由鼻腔吐气，经过鼻后嗅觉来品味咖啡的余韵。

品尝咖啡的步骤：

> 中间要过一杯白开水。

> 咖啡由热喝到全凉为止。

> 喝完后不急着洗杯，要闻杯底的干香甜。

如果喝了却找不到风味，该怎么办呢？

许多咖啡迷都遇到过这样的问题，例如买了一款号称有水蜜桃风味的豆子，但是他喝了之后却找不到水蜜桃风味，是他不会喝吗？还是他的味觉不够灵敏？

通常我会告诉他要相信自己的感官和身体反应，因为味道是一种记忆，而产品提供的杯测风味形容，只能类比追溯主观体验后的认知，往往形容得不够传神，只能尽量客观而已。

在这个大原则之下，我会提供两个方法给大家试试看：

❶ 咖啡风味会随温度降低而展开层次，因此建议喝到咖啡全凉。

❷ 咖啡浓淡也影响一个人对味谱的分辨，如果是浅焙花果调性的咖啡，建议冲淡一些，把味谱拉开，较容易找到其中滋味。

善用工具，
煮出各式风味咖啡

'4

花式咖啡的异想世界

世界各国人们深究这咖啡蕴含的千万风味，注入自己的品享风格，在花式咖啡里，演绎了咖啡的绝妙好滋味。

不同饮食文化发展出各式咖啡交响曲

咖啡风靡全世界，咖啡迷不断深究、挖掘蕴藏于咖啡豆之中的风味，而各国也因循他们喝咖啡的习惯，产生不同的咖啡文化，激荡出咖啡与牛奶、咖啡与焦糖、咖啡与酒、咖啡与茶、咖啡与巧克力等不同口味的饮品，又称为"花式咖啡"。

部分花式咖啡的配方流传到全世界，广受欢迎，也使得喝咖啡的人在喝单品咖啡之外，有了不同的选择，它们甚至成为国家或地区代表性的咖啡文化。

我们相信，随着人们对咖啡的探究愈发深刻，更多吸引人的咖啡搭配，也将随着文化潮流持续推陈出新，丰富咖啡的风貌。

拉花步骤

❶

布粉填压
均匀压实咖啡粉饼，使加压的热蒸汽能均匀萃取粉饼。

❷

萃取油脂
俗称老鼠尾巴的流量，富有浓郁的咖啡油脂与细致的气泡。

❸

浓缩基底
30ml 浓缩咖啡液，放大了咖啡风味，细气泡很快就消失。

❹

打发奶泡
冰牛奶以斜角度打入热蒸汽，使其发泡升温。再改变倾角，继续打绵奶泡至将近烫手为止，就成为带有甜感的绵密奶泡。

❺

融合基底
拉花钢杯口尽量贴近牢牢握住的倾斜咖啡杯，旋转着倾入半杯奶泡，使浓缩基底与奶泡完全融合，浮出咖啡油脂，准备进行拉花。

❻

倾角外推
利用握杯的倾斜角度与奶泡的黏稠度，从边缘摇晃着注入第一层奶泡。

❼

扶正升高
借由慢慢扶正握杯角度，重复摇晃注入多层的奶泡，不断外移奶泡注入点位置，随液位上升，钢杯左右摇晃角度渐缩，外层半月形围圈愈发扩大。

❽

收杯穿心
经过多层次摇晃注入，液位已接近九分满，最后完全扶正咖啡杯，注入最外圈奶泡，轻轻拖曳穿越各层围圈，收尾呈现出充满张力的立体液面。

完成！

好喝的关键在于，正确萃取的浓缩基底与打发出的有甜感的奶泡完美融合，使每颗绵密奶泡都裹上咖啡油脂，口感香浓。

各国冲煮咖啡的习惯有其历史文化背景

当第一波咖啡文化引进时，相信大家都不陌生，那就是用美式咖啡机煮的美式淡咖啡，若是在咖啡馆点单，菜单上面会写"美式咖啡"。有些想喝咖啡又怕高咖啡因、高糖、高油的人，若是要在咖啡馆耗上一段时间，就会选择这种美式咖啡。

美国人为什么会喝美式淡咖啡？其实美国人在二战以前是不喝咖啡的，他们是从二战开始喝咖啡，主要从咖啡产地配给军人咖啡粉，借由咖啡因帮这些军人提神，但数量很少，所以他们都冲得很淡，当成饮料喝。等到二战结束后，这些退役军人回到美国本土，就把喝这种淡咖啡的习惯带回家乡，通常粉水比为1：15~1：18。

日本的咖啡文化是从德、法、意引进的，他们所使用的赛风壶是法国人发明的，不是日本人发明的；三角滤杯、滤纸则是美国人发明的，但是到了日本人手上又发扬光大。日本人以其严谨深究的精神，将国外引进的咖啡文化升华到另一个新境界。

日本人的咖啡文化反映了他们的民族

意式咖啡上层浓郁的奶香拉花，无论视觉上或口味上都广受人们喜爱。

个性——带点偏执、完美主义、穷究的精神。举例来说，他们会买价格昂贵的蓝山咖啡，故意把其他风味都烘掉磨平，只取其焦糖甜，那种很温柔的、很平和的甜感，然后留下有醇厚度的甘醇味。他们用的是焦糖化烘焙，需要很长的时间。

咖啡是世界上第二大的期货，到了每个国家，就与当地的饮食文化互相激荡，发展出具有当地特色的咖啡，例如拿铁、卡布奇诺、维也纳咖啡、土耳其咖啡、康宝蓝咖啡等，有时人们也追随时下最流行的咖啡喝法，例如冰萃（或冰酿）咖啡。咖啡的风味在各地历史文化不同的呼应之下，仿佛有了无限延展的生命力。

意大利咖啡 ≠ 意式咖啡

所谓的"意式咖啡"，指的是在全球第二波咖啡文化中发展出来的咖啡种类，虽然名为"意式咖啡"，却与道地的意大利咖啡毫无关联。这种"意式咖啡"是美国星巴克采用意式咖啡机冲泡而成的，是美国人自己发明的。我们现在喝到的意式咖啡也是这种"美式的意大利咖啡"，是第二波咖啡革命的产物。

第二波咖啡文化中由意式咖啡机煮出来的咖啡。

用美式咖啡壶煮咖啡，带来了第一波咖啡革命。

星巴克以意式咖啡机煮咖啡，带来了第二波咖啡革命。

随着世界咖啡市场的扩大，更讲究的手冲咖啡将咖啡文化推至第三波咖啡革命。

COFFEE

3 波 咖啡文化的进程

第 1 波 . 咖啡文化

指的是以美式咖啡壶来煮美式淡咖啡，还有速溶咖啡盛行的年代。

第 2 波 . 咖啡文化

指的是以意式咖啡机冲煮意式咖啡，是星巴克带来全球的咖啡文化革命。

第 3 波 . 咖啡文化

指的是以手冲方式冲煮精品咖啡豆，例如世界知名的"蓝瓶咖啡"便是属于这一波咖啡文化，也是目前正在风行的咖啡文化。

完美的独特咖啡风味

花式咖啡最初从世界各地的饮食文化变化而来，有些国家的人喜欢在深焙的咖啡口感中喝到醇润的奶香，感受温润的平衡；有些国家的人喜欢为咖啡苦味装点一些不同的香气或甜味，例如：焦糖、奶油、柑橘等。

单品咖啡的混搭创作

若是说从品尝单品咖啡中，能够找到优游于咖啡豆万千风味的入门途径，那么品尝花式咖啡，便是找到咖啡与其他食材交会或碰撞出的火花，对于咖啡爱好者而言，两个不同场域的咖啡魔法，都各有引人入胜之处。

花式咖啡来自于世界各地咖啡师的创作，他们通过不断地尝试味道、风味层次，进行多次创作，研发出一杯又一杯的咖啡饮品，将单品咖啡作为"食材"，添加其他风味食材，混搭创作成"料理"，尔后广受咖啡迷喜爱并加以流传。

焦糖

浓缩咖啡

焦糖玛琪雅朵

康宝蓝

白咖啡

拿铁咖啡

无论是哪一款花式咖啡，都蕴藏了色、香、味三种美味密码，值得细细品味。

美式咖啡

摩卡咖啡

卡布奇诺

适合直接饮用，
具有轻度的咖啡香气和苦甘味，味道平顺

American Coffee

美式 咖啡

美式咖啡的冲泡方式是滴滤，让煮沸的水穿越咖啡粉，引出咖啡风味，是最被广泛接受的咖啡入门饮品。由于咖啡浓度不是很高，也能轻易被一般不喝咖啡的人接受。如果你是对咖啡充满好奇的咖啡入门者，建议从这款咖啡开始品尝。

冲煮方式

使用美式咖啡机冲煮。将适量咖啡粉放置在滤纸内，放入机器内部。在机器的储水槽注入适量的水，按下开关让水煮沸，煮沸后的水会穿越咖啡粉注入下方的咖啡杯。一次可以煮 500ml，适合与多人一同分享。

奶香气，口感柔顺，是广受消费者喜爱的花式咖啡之一。

拿铁 咖啡

冲煮方式

可以参考专业咖啡师认可的"黄金比例"来试试看，就是1份浓缩咖啡加4份蒸汽牛奶，再加1份奶泡。蒸汽牛奶是利用意式咖啡机的蒸汽喷嘴，将牛奶加热，但并没有打入太多气泡，而制作奶泡时则会均匀地打入大量空气，使其口感绵密，也增加拿铁咖啡的体积。咖啡依照比例调和完成后，还可以在上面撒上一些榛果仁、巧克力粉或咖啡粉，增添风味。

不同国家的拿铁咖啡，有不同做法

只要大致掌握咖啡和牛奶的比例原则，都可以称为拿铁咖啡，而在不同国家落地生根的拿铁咖啡，做法不尽相同。例如欧式拿铁咖啡，它的浓缩咖啡和牛奶是搅拌在一起的，意式的拿铁会在浓缩咖啡中加入牛奶，但不加奶泡，美式的拿铁只加入奶泡。

同样是加了牛奶的咖啡，拿铁、卡布奇诺、摩卡有何不同？

点咖啡时，常常遇到一个难题，那就是同样添加了牛奶的拿铁咖啡（Latte）、卡布奇诺（Cappuccino）以及摩卡咖啡（Mocha），究竟有什么不同呢？

拿铁咖啡和卡布奇诺最大的不同在于调和浓缩咖啡和牛奶的比例，而摩卡咖啡相较于前面两种，则多添加了热巧克力，有时还会添加一些酒类，例如百利甜酒。在咖啡比例上，摩卡咖啡中的浓缩咖啡也高于卡布奇诺，而卡布奇诺的浓缩咖啡比例则高于拿铁。

下次去咖啡馆时，若喜欢咖啡风味多一点的咖啡牛奶，可以点卡布奇诺；若喜欢牛奶风味多一点，可以点拿铁；若喜欢咖啡牛奶之外再多一点风味，就尝试喝摩卡啰！

咖啡加入牛奶的做法从维也纳开始

从花式咖啡的做法，可以探究到有趣的历史来由，为什么奥地利人要那样喝咖啡？北欧人要那样喝咖啡？日本人要这样喝咖啡？意大利人要这样喝咖啡？其实这些都有其历史背景。如同前面提到的，咖啡豆是从非洲开始生产，接着到中南美洲生产，如此慢慢地扩展到全世界，这种世界各国竞相购买的奢侈品，特别是好的咖啡豆，当然不是有钱就能买得到，还必须有相当的国力以及海权优势，因此，以前能喝到好咖啡的国家并不多。奥斯曼土耳其帝国战败之后，在维也纳留下了一些咖啡豆，当地人喝了觉得很苦，便有人尝试在其中加入牛奶，没想到意外地好喝，于是开始了在咖啡中添加牛奶的做法，各国仿效之后，再根据自己的喝咖啡习惯在比例上稍作更动，发展出许许多多咖啡调配牛奶或奶泡的做法。

味道浓烈、咖啡脂萃取度高，
适合做成花式咖啡的基底

Espresso
意式浓缩
咖啡

意式浓缩咖啡以瞬间高温萃取，所含各种风味化学物质高，咖啡味浓郁。

意式浓缩咖啡指的是意式咖啡机煮出来的浓缩咖啡，其所使用的罗布斯塔豆有浓浓的咖啡油脂，香气浓郁，略带苦味，是制作各种花式咖啡的基底。

冲煮方式

意式浓缩咖啡的冲泡方式是使用极细研磨咖啡粉，利用瞬间高压以及高温，将咖啡液萃取出，过程中还将咖啡脂乳化，使萃取出的咖啡液如同糖浆状，易与牛奶等其他添加调味品融合。意式浓缩咖啡的萃取条件是以 9 克的极细咖啡粉末，在 9 个大气压力下，以 90℃的热水萃取 30 秒，得到 30ml 约 70℃的萃取液。糖浆状的浓缩液里含有大量的咖啡油脂与极细气泡，容易跟奶泡等乳制品调合出咖啡饮品。

意式咖啡多使用含罗布斯塔豆的综合豆

意式浓缩咖啡口感浓郁、咖啡香气浓厚，常与多种材料，例如牛奶、酒、奶油等调和在一起，撞击出绝妙的风味。要做出如此口感与气味的咖啡，咖啡豆的使用是关键之一，而罗布斯塔咖啡豆具有高油脂、重风味的特性，因此意式浓缩咖啡所使用的配方豆里大都含有罗布斯塔豆。南北意大利咖啡中罗布斯塔豆的含量也不同。南意大利意式咖啡的罗布斯塔豆含量较高，做出来的意式咖啡气味浓郁、口感滑顺；而北意大利意式咖啡的罗布斯塔豆含量较低，做出来的意式咖啡没那么醇厚，口感偏酸甜。

仅以两茶匙奶泡点缀在意
式浓缩咖啡上的玛琪雅朵
咖啡，保留了意式浓缩咖
啡的醇厚，调入了些许奶
味的润滑。

Macchiato

玛琪雅朵 咖啡

对于喜爱浓郁咖啡风味，又希望加一点点
奶香平衡口感的人，玛琪雅朵咖啡是很适合的选
择。玛琪雅朵（Macchiato）在意大利语中的意
思是"标记""印记"，指的是将 1~2 匙打好的
奶泡放在一杯浓缩咖啡上面，搭配着慢慢享用。

冲煮方式

做好一份浓缩咖啡后，将牛奶放
进打奶泡机里面打好，舀出 1~2
茶匙放在咖啡液上面，即是一份
地道的玛琪雅朵咖啡。除此之外，
也有人做成变化款的"焦糖玛琪
雅朵咖啡"，不仅在浓缩咖啡里
加入香甜的焦糖调味，最后也在
奶泡上淋上一点焦糖，这种充溢
着甜香的焦糖玛琪雅朵很受女性
欢迎。

美酒、咖啡、焦糖与牛奶的
多重味觉享受

据说爱尔兰咖啡代表着一种沉醉与清醒混合的浓烈的思念情感，而最能表现这种纠结的饮品莫过于酒精和咖啡，因此爱尔兰咖啡可以说是花式咖啡，也可以说是花式调酒，它喝起来有着咖啡浓郁的口感，加上烈酒挑逗的刺激，又辅以甜香的焦糖和奶泡，是层层堆叠的风味。

Irish
Coffee

爱尔兰 咖啡

冲煮方式

冲煮爱尔兰咖啡有专属的器具，首先，在爱尔兰咖啡专用杯里先加入糖和威士忌酒，放到酒精架上热杯，融化酒精和糖，接着再倒入热咖啡，叠上一层奶泡。

冰咖啡，顾名思义就是温度低、加了冰块、冰在冰箱里的咖啡。做成冰咖啡的目的，除了因应夏日高温下饮者的需求和喜好之外，咖啡低温时的风味表现也和高温时有所不同，更能品出其中的后段焦糖韵和核果香。

Ice
Coffee
冰 咖啡

制作冰咖啡的方式有很多种，每一种做法都有不同风味。

冲煮方式

最简单的冲煮方式就是将咖啡豆研磨成粉后，倒入玻璃杯里，加入常温水浸泡，再放到冰箱里冰镇数小时到 1 天。取出后，以滤纸或滤布滤掉咖啡渣，便萃取出冰咖啡。

喜欢喝咖啡的人想要在花式咖啡中多加一点"咖啡味"，那么拿铁对他们而言，就太不够咖啡了。幸好还有一种选择叫卡布奇诺，以较少分量牛奶添加入浓缩咖啡中，保留了浓缩咖啡的浓郁香气，同时也稍微平衡了咖啡中的苦涩味。

Cappuccino

卡布奇诺

冲煮方式

传统的卡布奇诺，是以1份标准的浓缩咖啡30ml，加上1份蒸汽牛奶，以及1份奶泡制作而成。首先，将浓缩咖啡置于卡布奇诺杯中，再将打好的蒸汽牛奶加入，最后将打好的奶泡用拉花的方式布满在卡布奇诺杯上，撒上一点肉桂粉或柑橘皮、可可粉，便做成一杯卡布奇诺咖啡。

喜欢咖啡和牛奶搭配，又不想让牛奶喧宾夺主的人，可以在卡布奇诺咖啡里得到满足。

浓郁的浓缩咖啡与香甜滑顺的淡奶油
一起带着思绪飞扬

Con Panna

康宝蓝

入口先碰触香甜的淡奶油满足味蕾，在甜腻之后滑入了醇厚的浓缩咖啡，让人瞬间味觉觉醒。

以浓缩咖啡为基底的花式咖啡之所以跟着连锁咖啡店风行全世界，其中一个原因就是它的味道醇厚且浓烈，无论是调和温润牛奶，或是冲击出新风味的烈酒和焦糖，都能依照比例呈现不同的风情，满足各种咖啡欲望。

康宝蓝以香滑的淡奶油，铺满在醇厚的浓缩咖啡之上，让饮者层层啜饮浓郁而风味截然不同的好味道，体验另一种黏着记忆的味觉。

冲煮方式

冲煮一份浓缩咖啡，倒入咖啡杯中，再打一份淡奶油，厚厚地铺在浓缩咖啡上即完成。喝的时候先舔一口淡奶油，再啜饮一口浓缩咖啡，让冷热、奶与咖啡在口鼻之间完成交会时互放的光芒。

越南咖啡自 1860 年由法国传教士引入栽种，直到近 20 年才有了大跃进发展，不仅成为越南人们日常生活不可或缺的饮品，且与当地自然人文特色紧密结合，具有浓烈热情的风味。这种风味表现在独树一格的越南冰咖啡上。越南冰咖啡不分别加糖和牛奶点缀黑咖啡的味道，而是直接以香浓的炼乳，做出超级香甜好喝的冰咖啡，满足所有人的感官享受，是世界上非常重要的花式咖啡。

Vietnamese
Iced Coffee

越南 冰咖啡

冲煮方式

首先在透明咖啡杯里倒入 3~4 茶匙炼乳，接着在玻璃杯上方架上一个越南咖啡专用的滴漏壶，在滴漏壶里放入 3 匙咖啡粉，轻轻摇晃滴漏壶，使咖啡粉均匀分布。

放下滴漏壶的筛子，稍微压紧，开始注入约 95℃ 的热水，使滤滴速度控制在 6 分钟左右滴完，完美的越南冰咖啡制作共需 7 分钟。

咖啡液滴漏完成之后，拿开滴漏壶，将冰块加入玻璃杯中，与咖啡、炼乳一起搅拌均匀，即可饮用。

越南冰咖啡因其饮食文化及环境自然生成，独树一格。

烘豆、冲煮 咖啡需要用的器具

许多初学者一头热买了各式各样咖啡器材想尝试烘豆冲煮咖啡，但其实有许多并非必要的，这单元列出了做一杯好咖啡需要用的各式器具。

☕ 烘豆机 ｜机器烘豆｜

使用机器烘焙咖啡豆是常见的烘豆方式。无论是在大型咖啡工厂里，或是自家烘焙小店，烘豆机都是烘豆师创作的好工具。一般烘豆机有三大导热方式，分别为直火式、半热风式、全热风式。

半热风式烘豆机

半热风式烘豆机，是最普遍使用的烘豆机，它的特色是没有让豆表直接接触火焰，同时向滚筒里引入了热气，如此可以减少豆表烧焦的可能，也可以使烘豆效果更均匀。在技术上的操作比直火式烘豆机来得方便许多。

以这种机器烘好的咖啡豆，它的余韵会比较厚实甘甜。

全热风式烘豆机

全热风式烘豆机，顾名思义，就是以热气将咖啡豆烘熟，特点是导热速度快，烘豆效率高。

使用这种烘豆机所烘好的咖啡豆，更不容易出现烧焦或是烟呛味，因为没有直接接触金属导热，所以也比较没有"锅气"味，有人认为这种咖啡喝起来风味比较干净明亮。

直火式烘豆机

烘豆师使用直火机烘豆，需高明的技术与丰富的经验，呈现的作品香气厚实。

如果烘焙咖啡豆是驾驶一部车子，那么我会将使用直火机烘豆比喻为驾驭手动挡汽车，因为它有许多可独立操作而非全然靠机器自动转换的设计，如此考验着驾驶人的驾车技术，也能提供高明精准的驾驭方式。

直火烘豆机最难操作，但也最能表现烘豆师的创作。直火机最大的特色是"咖啡豆豆表会直接接触到火"，因此操作时很容易出现豆表烤焦但豆子并未烤熟的情况，因此使用直火机的烘豆师可说是需要有丰富的经验和高明的技术。但深具创作力和创作野心的烘豆师会喜爱直火机，因为烘豆师能掌握的部分较多，且直火机所烘焙的咖啡豆，香气厚实、风味层次表现丰富，具有高辨识性。直火烘豆机过去因为不容易驾驭而只占一小部分市场，近年来已经有烘焙研究辅助系统可以协助烘豆者烘好豆子。

电动磁豆机

电动磨豆机是使用电力运转把咖啡豆研磨成咖啡粉，它的优点是省时省力，而且所研磨的咖啡粉相对均匀，能应付制作浓缩咖啡的要求，也能使手冲咖啡的风味更好。

市面上的电动磨豆机从百元到千元以上都有，虽然价格高的电动磨豆机不代表品质较高，但好的马达和稳定度，对于机器研磨的稳定性是较有保障的。

如何选择优秀的磨豆机？

磨豆的目的，是为了把咖啡豆均匀地磨成咖啡粉，而且希望咖啡豆在这个"物理转换"的过程中，不要产生"化学质变"，若是能够达成这样的目标，那就是一台好的磨豆机。因此，好的磨豆机马达功率要很高，这样可以减少摩擦生热；稳定度好，这样能够研磨均匀，且减少细粉量。刀盘设计也影响咖啡粉的形状和均匀度。

各款磨豆机各有优缺点，绝对优秀的磨豆机并不存在，但最廉价的"飞刀砍豆机"肯定是和理想磨豆结果相距最遥远的，首先，它的粗细成果很不均匀；其次，磨豆过程产生太多形状不一的咖啡粉颗粒；最后是，它无法设定粗细程度。对于单纯喜爱手动冲煮咖啡的朋友，初入门时可花较少成本购入这种阳春磨豆机使用练习，但对于咖啡风味要求已经很高的咖啡迷，建议还是讲究磨豆机的选择才不会失望。

粗研磨 - ▶ 细研磨

法式滤压壶　　赛风壶　　滴滤壶　　爱乐压　　摩卡壶

不同的冲煮器具，适合不同粗细程度的研磨。

磨豆机的材质很重要

有一种手动磨豆机的出粉盒是木质的，这种木盒不能清洗，使用久了之后，咖啡豆的油脂和渣渍会附着其上，经过氧化发酵，产生化学反应的坏味道，继续使用必然影响研磨咖啡粉的品质。那么铁制的磨豆机会比较好吗？使用铁制豆机的话就要注意生锈的问题，也有人觉得这样磨好的咖啡喝起来有金属味。另外，市面上也会见到塑料、玻璃材质的磨豆机，可以清洗，洗去上一次磨豆时咖啡渣渍残留的坏味道。以材质而言，不锈钢、陶瓷研磨机算是比较令人放心的，当然价位相对高一点。

手摇磨豆机

手摇磨豆机利用人力磨豆，好处是方便携带，可以自己控制力道、速度、出粉的粗细和均匀度，缺点是耗时费力，而且研磨的细度无法达到制作浓缩咖啡的要求。

另外，手摇磨豆出粉的均匀度也逊于电动磨豆，所以比较适合用于手冲法、赛风壶法、法式滤压壶法等冲煮方式。

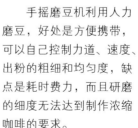

🫘 手网
| 手动烘豆 |

在家将生豆变成熟豆有两种方法，一种是炒豆，一种是烘豆。在家少量炒豆可使用平底锅，量大一点使用大炒锅也可以。

若是想要试试亲手烘豆，做出属于自己风格的咖啡，可以用手网烘豆，方法很简单，就是将生豆放进手网内，盖上网盖，放在煤气灶上烘烤。

烘烤咖啡豆的过程中，需要不断摇晃翻转手网、滚动咖啡豆，使每一颗咖啡豆尽量受热均匀，你可以清楚地观察到，生豆慢慢地转变成浅褐色，再变成深褐色，待到爆音结束，咖啡豆就烘好了。用手网烘咖啡豆的风味有点像直火机烘豆，但手动烘豆毕竟不如机器烘豆来得精准完美，手网烘豆的缺点就是受热不均匀、烘好的豆子膨胀大小不一致、银皮乱飞，不过，它的乐趣和便利性对于咖啡烘焙初学者还是非常具有吸引力。

🫘 咖啡电子秤

因冲煮咖啡有一定的粉水量比例要求，所以使用咖啡电子秤有利于冲煮咖啡的成果稳定度。通常我们会直接将手冲工具放在咖啡电子秤上，加入需用咖啡粉，记录重量。可善用咖啡电子秤的两个功能，重量归零键与计时键。器材上秤之后做第一次重量归零，布粉完成即可确认所倒入的总粉重，接着再做第二次重量归零，依照预计的粉水比例计算出总共需要再注入多少的水量。注水开始时即按下计时键，边注水边观察电子秤显示的重量和计时变化，直到达成预计的总注水量即可停止注水，滤滴完成后再按下计时键，从计时码表看出总冲煮时间。如此控制手冲咖啡的粉水量，非常方便。选用具备重量归零与计时器功能的电子秤，才能达到精准控制。

将手冲咖啡器具直接放在咖啡电子秤上，借此控制冲煮咖啡完美的粉水量，非常方便。

🫘 咖啡温度计

控制冲煮时的温度、重量、时间绝对必要，因为咖啡已经研磨成粉末，萃取条件相对严苛，必须精准。咖啡温度计是冲泡手冲咖啡时很重要的小帮手，这是因为冲煮咖啡时，水温会影响手冲咖啡的风味，所以为了冲煮出一杯好咖啡，咖啡师对于水温的掌握是非常讲究的。

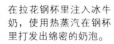

在拉花钢杯里注入冰牛奶，使用热蒸汽在钢杯里打发出绵密的奶泡。

❁ 打奶泡器

花式咖啡上层绵密的热奶泡，是将热蒸汽打入冰牛奶制成的。若是冰奶泡，制作过程需要使用打奶泡器，它的构造像是法式滤压壶，伸缩拉轴的尾端有一片细密的滤网，借着上下抽动拉轴将空气打入冰牛奶里面，使冰牛奶产生绵密的冰奶泡。

❁ 咖啡拉花钢杯

咖啡拉花钢杯是制作花式咖啡的好帮手。将牛奶放入拉花钢杯中，使用热蒸汽在里面打出绵密的热奶泡，接着将出口嘴对着已经倒入杯中的浓缩咖啡，慢慢注入奶泡，就可以慢慢拉出喜爱的样式。

将拉花钢杯的出口嘴对着浓缩咖啡，依喜好拉出咖啡拉花样式。

❁ 咖啡量杯

调制以浓缩咖啡为基底的花式咖啡时，若需要掌握浓缩咖啡和牛奶、焦糖、奶泡、酒等其他调味品的比例，就需要用到耐高温、厚玻璃制的咖啡量杯。

❁ 咖啡豆匙

长柄咖啡豆匙用于深入取用豆袋内咖啡豆的正确分量，这也是为了掌握冲煮咖啡时粉水量的比例。一匙为9~10克。

❁ 咖啡筛粉器

研磨咖啡豆时会产生一些细粉，有些人追求咖啡干净、集中的风味，认为细粉会影响成品，便会在冲煮咖啡之前将这些细粉去除，而咖啡筛粉器就是滤去细粉的好帮手。咖啡筛粉器也可以用来校正磨豆机的研磨度，测量各种研磨刻度的残粉量。

专业的冲煮咖啡机具

冲煮只有原则而没有规则，通过不同的咖啡机具冲煮，同样的咖啡品种竟然产生各种意想不到的独特风味！

01 🫘 法式滤压壶

法式滤压壶的外观和使用方式有点类似冲茶器，它是使用焖煮和加压的方式萃取咖啡液。使用法式滤压壶做出来的咖啡，风味浓郁醇厚，需要的是较粗颗粒的咖啡粉，所以磨豆不必磨得太细，粉水比约在 1：10。

首先，将咖啡壶放在咖啡电子秤上，再将咖啡粉放入滤压壶中，测好重量之后，慢慢注入适量的水，盖上盖子，将咖啡壶从电子秤上取下，等待焖煮约4 分钟。

时间一到，将咖啡壶上方的活动钮向下压紧，接着立刻倒出咖啡液即可。时间的掌握很重要，避免过度萃取。

02 🫘 经典摩卡壶

经典摩卡壶外观的六角设计是其特色，也是许多咖啡人喜爱的经典咖啡壶，它不只造型饶具个性，使用方式也独具一格。最重要的是，用这种壶煮好的咖啡浓度略低于意式浓缩咖啡。

这种咖啡壶分上下壶，首先，在下壶注入适量的水，置于炉火上煮，同时将咖啡豆研磨成细程度，待水煮沸后，将咖啡粉放入咖啡粉槽中略压实，再置于下壶上方，最后叠上上壶。

受热的水蒸气会穿越咖啡粉慢慢窜升到上壶停留，如此萃取完成后，只要取出上壶，就可以享受浓郁的咖啡。

使用时在下壶注入热水，置于炉火上加热，放好咖啡槽，加上上壶，让水蒸气随着热度向上窜升、穿越咖啡粉，将咖啡液萃取至上壶。

03

手冲壶

冲煮咖啡的最基本器具，只需要手冲壶、滤杯、滤纸、咖啡壶。将滤杯架在咖啡壶上，放上滤纸和咖啡粉，然后以手冲壶在上方慢慢注入热水，焖蒸咖啡粉，萃取咖啡液，即可冲煮出一杯风味明亮、干净的好咖啡。

使用手冲壶冲煮咖啡是许多咖啡师心中首选，因为萃取好的咖啡液风味明亮、干净、集中。

04

美式咖啡机

使用美式咖啡机虽然是第二波咖啡革命之前的事情，然而，因为它使用起来非常方便，至今仍是许多家庭的首选。

将咖啡粉放到滤纸上，再放入咖啡粉槽中，在水槽里注入冷水，启动开关加入热水，水蒸气穿越咖啡粉，就可从下方出水孔萃取出咖啡液。用美式咖啡机煮出的咖啡，特色是淡而不浓郁，搭配早餐或下午茶都很适合。

05

意式浓缩咖啡机

过去只在咖啡馆见过的意式浓缩咖啡机，随着第三波咖啡文化的来临，也逐渐以小家电之姿走入家庭生活中。意式浓缩咖啡机的萃取方式是高温加高压，所萃取的咖啡特色是咖啡油脂高，调入牛奶或奶泡都非常对味。

06 ☕ 赛风壶

赛风壶就是虹吸式咖啡壶，曾经在咖啡馆蔚为流行，人们享受着使用玻璃杯、酒精灯的方式，如同调制药品或化学实验那样冲煮咖啡，饶富乐趣，这种方式也确实符合咖啡人研究咖啡风味的精神。

赛风壶结合了滴漏式咖啡壶以及法式滤压壶的原理来冲煮咖啡，由上壶和下壶组合而成，上壶放咖啡粉，下壶放水，从下壶加热之后，水蒸气在密闭的玻璃壶里开始慢慢向上窜升，跑到上壶去，将上壶的咖啡粉浸湿。等到下壶温度降低之后，停留在上壶的咖啡液就会倒流至下壶里，如此便完成了咖啡液的萃取。

07 ☕ 那不列塔那——颠倒壶

看起来造型奇特的颠倒壶最初是法国人发明的（也叫做"翻转壶"），后来由意大利人发扬光大。

这种由两支有手把的金属壶组成的咖啡壶，乍看让人摸不着头绪，但喜爱它的咖啡人就爱这么具有个性的造型，而且它使用起来一点都不难。

先将磨好的咖啡粉放入上壶咖啡盒中，盖上有滤孔的盖子，使用下壶将水烧开后，将上下壶一起翻转过来，使热水穿越咖啡粉流入，完成咖啡液萃取。

倒入咖啡粉，搅拌、浸润之后，将加压筒向下压，就可以萃取出咖啡液。

08　爱乐压

　　爱乐压是很有趣味的冲煮咖啡工具，看起来有点像大型针筒，据说是一位美国物理学家的发明，而他当初设计爱乐压的目的就是要解决冲煮咖啡需要等待的问题，所以直接用加压萃取，做出很有浓缩咖啡感觉的咖啡。

　　同样的一款咖啡豆，使用手冲方式和使用爱乐压冲煮，会有很大的不同，例如浅焙的橘香，手冲方式喝起来会有很明显的酸香气；若使用爱乐压，喝起来咸感就会很明显。

　　爱乐压主要的结构是壶身、滤盖、活塞压筒，在壶身里面铺上一层滤纸，放入咖啡粉，倒入热水，稍微搅拌浸泡之后，将活塞压筒向下压，便完成了咖啡液的萃取。

爱乐压是冲煮咖啡入门的好帮手

爱乐压广受咖啡初学者喜爱，最主要的原因之一，就是它非常好操作，而且不挑咖啡粉的粗细。在冲煮过程中，唯一要注意的是咖啡粉不能浸泡太久，以免过度萃取，除此之外几乎没有什么失败率。其次，爱乐压相较于许多冲煮咖啡的器具也平价许多，百元左右就可以买到不错的爱乐压。而且像爱乐压这种塑料材质的工具，不需要插电，旅行携带很方便，甚至连滤纸都可以不用带，只要使用它专属的金属滤网就好了。如果你和爱乐压的发明者一样，都是没耐心等待的人，那么你会爱上它快速萃取到咖啡的特色。 最后，也是咖啡迷最喜欢的一点，使用爱乐压来做单品咖啡，可以明显喝出每一种单品咖啡的放大风味。

09　 土耳其壶

许多人喜欢土耳其壶，因为它的造型精致小巧，又充满异国文化的气息，独树一格。使用土耳其壶最传统的冲煮咖啡方式也是一绝——放在热腾腾的沙子上煮咖啡。

相较于多数冲煮咖啡的方式都是先将水煮沸，再穿越咖啡粉萃取咖啡液，土耳其壶煮咖啡的方式大不相同，它是先将冷水放入咖啡壶里，再倒入咖啡粉，将整个壶放到酒精灯上面烧滚。

等到咖啡煮好了，离火，倒出咖啡液即可，也不需要特别过滤咖啡粉，算是很有个性的冲煮方式。

10　 美国 Chemex 经典手冲咖啡壶

这款看起来有点老式典雅感的手冲咖啡壶，使用了和实验室同等级的耐热硼硅酸盐玻璃，以一体成形的方式制作而成，更吸引人的是，在它的腰间，以皮绳固定着抛光木制的套环，以供握持使用。

玻璃、木头、皮绳，是这款充满艺术感的咖啡壶的经典元素，发明者是一位德国化学博士，在美国发明的。

使用的方式，是将咖啡滤纸展开，放置到咖啡壶的上方，倒入咖啡粉，先加入适量热水浸湿咖啡粉焖蒸，接着再将剩余热水稳定地注入，等到萃取完成之后，移除滤纸和咖啡粉即可。

11 ◗ 冰滴壶

在许多现代咖啡馆都可以看到冰滴壶，大型冰滴壶很壮观，几乎接近一位成年人的身高，组成元素为实木和玻璃，非常吸睛。

因应喜爱冰滴咖啡的朋友所诞生的冰滴壶，学问可大了。使用这种冰滴壶，会在最上方玻璃杯里放入一个大冰块，中段玻璃杯则放入咖啡粉，而最后萃取好的咖啡液就在最下层的玻璃壶。

最上层的冰块会一点一滴融化，调整好下方旋钮控制冰水滴落的速度，冰水会慢慢注入中层咖啡粉，萃取出的咖啡液就滴落在最下方的玻璃杯。使用这种方式萃取冰咖啡，需要很享受它的过程，因为速度真的很慢。而且还要有等待的耐心，因为萃取好的咖啡液是不能立刻喝的，它还要放入冰箱发酵几天，风味才会完整，有些人甚至会放一个月，认为这样喝起来才有威士忌般的醇厚香气。

冰滴壶上段下方有一个旋钮，可调整冰水滴落的速度，目的是要从低温慢速的萃取过程中，得到醇厚的冰咖啡风味。

缩小版的家用冰滴壶

大型冰滴壶看起来典雅又壮观，放在咖啡馆里面摆设的意义大过于实质意义，因为店家不太可能每天制作冰咖啡，而且它的使用和清洗都很麻烦。如果自己在家里想要尝试制作冰滴咖啡，建议可以使用小型的家用冰滴壶，同样在最上方放入冰块，调整中间旋钮，控制冰水流入下方咖啡盒的速度，并在咖啡盒里面放入咖啡粉。

最后整个放到冰箱里面，一边滴一边发酵，如此的做法便利又有效率，更重要的是安全又卫生。家用冰滴壶比大型冰滴壶好清洗，不容易藏污纳垢，夏天把整个冰滴壶放入冰箱里慢慢滴，在低温环境里比较能抑制细菌，对于肠胃比较弱的咖啡人，建议可以这样喝冰滴咖啡。

12 🫘 Handpresso Auto 车载电动手持咖啡机

对于随时随地都要来一杯热咖啡的人，在开车长途旅行中，若能随时来一杯的话，那真是太好了，于是这款车用咖啡机便因应这样的需求诞生了。

它可以直接使用车充的电源来煮咖啡。放入咖啡粉压实后，盖上盖子、按下按钮，就可以启动咖啡机的热度和压力，煮出一杯咖啡脂醇厚的香浓咖啡。

这台要价上千元、造型动感又酷的手持咖啡机，目前已经被奥迪列为购车的选配装置，可见咖啡浪潮逐渐席卷到不同产业，这股力量不可小觑啊！

13 🫘 胶囊咖啡机

喜欢新鲜现煮的咖啡风味，却又无暇磨豆煮咖啡的朋友，现代科技把大家的问题解决了，这就是胶囊咖啡机。

只需要把专用的咖啡胶囊放入这款机器里，在水箱注入水，启动按钮，咖啡机就会把水加热加压，穿透胶囊，把胶囊里的咖啡粉萃取出来。

由于咖啡粉是密封在胶囊里，所以保存一年风味也不会流失掉，但是对于喝咖啡喝得很精的人，还是可以喝得出它和现磨咖啡的差异。除此之外，机器需要使用特定规格的胶囊，限制了咖啡的种类来源。

14 🫘 螺旋注水吧台手冲机

如果说科技是用来解决人力和技术的问题，那么这款咖啡机可说是这句话的注解。

过去传统电动咖啡机的设计，目标只在于"自动煮出一杯咖啡"，而这款咖啡机则已经能够"自动稳定地煮出一壶手冲咖啡"，直接取代手冲咖啡的人力技术。它能设定各种温度、出水量、时间等参数值，只要做好设定，就可以冲煮出符合金杯规范的手冲咖啡。

这款吧台手冲机，把咖啡师推升至咖啡创作者的位置，至于手冲所需的人力和技术，则全部由机器去运作完成。

可以想象的是，未来开设一家小型咖啡馆，只需要一位咖啡烘豆师、一位吧台咖啡师，加上几台吧台手冲机，便能运作，甚至"无人咖啡馆"也可能在不远的将来出现。

15 🫘 越南咖啡滴漏壶

风格鲜明，广受喜爱的越南咖啡，它的制作方式特别，冲煮使用的器具也与一般咖啡不同。

有人认为"滴"是越南咖啡的重要特色，不但要滴，而且要控制在6分钟左右滴完，风味才会最好。

这种越南咖啡滴漏壶的使用方式，是在下方玻璃杯先加入几匙炼乳，在上方的咖啡盒里放入咖啡粉，再从最上方注入热水，让热水穿越咖啡粉慢慢滴落到下方杯子里，最后拿开上方的滴壶，在下方加入冰块，搅拌均匀，如此就制作好了一杯越南冰咖啡。

世界咖啡豆烘焙履历，
杯中风味的科学！

'5

本章图表使用说明

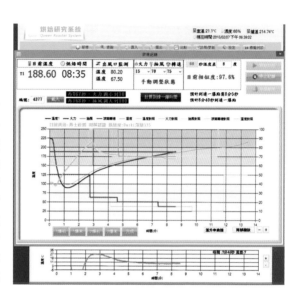

本章节图表来自右图 QRS（Queen Roaster System）烘焙研究系统资料库，该系统可在咖啡烘焙制程当中显示各烘焙阶段的参数进展记录，同时也在制程操作中提供导航指示与循迹比对。烘豆者可以通过完整的烘焙制程资讯，重新演绎或再现履历风味。

1 豆温曲线

这是咖啡生豆从下锅到熟豆出炉的温度变化记录。可以从曲线当中看出是快烘还是慢烘，揣测出大概的风味与烘焙度。

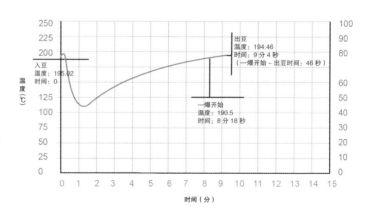

豆温曲线图可比喻为车在行车期间的速度变化记录。

2 温升率曲线

烘焙如同音乐演奏一般动态进行着，制程中豆子的温升率（温度变化／单位时间）变化会改变风味的形成，快节奏升温或慢速升温影响咖啡风味的层次丰富程度。图表中纵轴为温升率，横轴刻度为时间。温升率是指单位时间内的温度变化量，分子是摄氏温度差，分母是单位时间（秒数或分钟），Δ 符号念做"delta"，是"差距、变化量"的意思。为本书提供示范的大小两部烘豆机性能不同，所以各自使用不同的温升率单位，有些图的温升率分母是 30 秒，有些则是 1 分钟，其纵轴刻度也不一样。

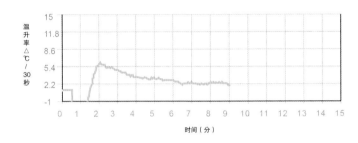

单位时间内的温升速率，可比喻为车在某段时间内的加速度。

3 风味雷达图

此为完整杯测记录的简易风味说明，只以六个象限的雷达图来简单示意咖啡风味，使读者一眼就能辨识出这款咖啡的风味强度与属性，及其在某一个风味象限上的强弱表现。

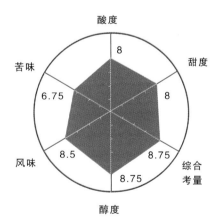

将完整杯测记录图简化成 6 个象限的雷达图，说明咖啡风味。

非洲产区

埃塞俄比亚、肯尼亚、马拉维

埃塞俄比亚

埃塞俄比亚
瑰夏村
非洲水洗艺伎

瑕疵率低，
风味十足。

属于非洲森林野
生种，艺伎的生
豆体积小，但硬
度和密度高。

生豆

生豆档案

英　文　名：Ethiopia Gesha Village Coffee Estate
品　　　种：Gori Gesha Forest 森林原生瑰夏
国　　　家：埃塞俄比亚
产 区 庄 园：瑰夏村庄园
生豆处理法：水洗

多层次变化水果甜味

　　瑰夏咖啡又被称为艺伎，属于铁比卡家族品系的一员，离开埃塞俄比亚西南部的瑰夏山，辗转经过肯尼亚、坦桑尼亚、哥斯达黎加，半世纪后才在巴拿马竞赛中轰动咖啡世界。它是非洲埃塞俄比亚原生种的咖啡豆，和许多咖啡树种在一起，一起采收，当作商业豆成批处理卖出，直到有一天遇见了"伯乐"，发现这一区域的咖啡树所生产的咖啡豆特别好喝，便将它区别出来，并且送到国际咖啡比赛，赢得冠军，从此声名大噪。世界上很多产区都栽植这个品系，其中以拉丁美洲国家的价格较高，品质也较好。瑰夏就跟波旁、卡杜拉、卡杜艾、铁比卡一样是咖啡品种的名称，是近十年来称霸精品咖啡界的新品系。

　　原生种的瑰夏风味层次丰富、干净、口感甜。

甜感 水果风味伴随明显的

这款水洗处理的艺伎具有丰富的水果风味，烘焙的目标就是将藏在其中层层不同的水果酸、香、甜呈现出来，因此在烘焙上采用的是极浅焙，让柑橘清新的香味首先绽放在鼻息之间，随后蜂蜜甜味扑鼻而来，接着红番石榴香气也进入空气中平衡了咖啡豆的干香。

原生种的艺伎后韵极为绵长，口感酸甜，高温入口全无苦韵，花香、柑橘味冲鼻，中温时酸质胜出，而后出现的甜感，留作尾韵。甜中有戏，蜂蜜、果糖诸般甜感混出。酸中蓄质，入口果酸即如烟花绽放，旋即化无。有非洲豆典型的干净利落，纯净美好。层次感丰富，随着温度变化落差极大，而甜感总是能在每一口压轴出现。

极浅烘焙Very Light（直火）

烘焙

▼

QRS烘焙曲线

生豆含水量：11%

生豆密度：845g/L

入豆温度：195.02℃

环境温度：28℃

环境湿度：44% RH

一爆开始温度：190.5℃ / 时间：8 分 18 秒

出豆温度：194.46℃ / 时间：9 分 4 秒

一爆开始到出豆时间：46 秒

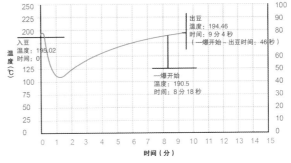

出豆温度：194.46 时间：9 分 4 秒（一爆开始~出豆时间：46 秒）

入豆温度：195.02 时间：

一爆开始温度：190.5 时间：8 分 18 秒

温度（℃）

时间（分）

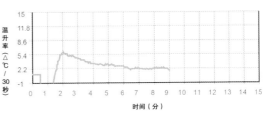

温升率（△℃/30秒）

时间（分）

萃取

▼
▼

风味雷达图

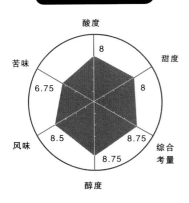

酸度 8

甜度 8

苦味 6.75

综合考量 8.75

风味 8.5

醇度 8.75

冲泡萃取风味

干净而多层次的甜味

水洗瑰夏喝起来最大的特色就是多种水果、花蜜的甜感，而且每一种味道都在味觉里干净明确地表现着，干净是它的特色，因此一直受到咖啡爱好者的推崇。

冲煮好的艺伎瑰夏，有芒果、柑橘、桃子、蜂蜜的甜味，而后有一点柠檬酸香提上来，平衡了甜味的尾端，最后尾韵再呈现出佛手柑的香气，香味层层叠叠又很清楚，源源不绝涌上来，很有辨识度，能够释放和疗愈身心。

埃塞俄比亚

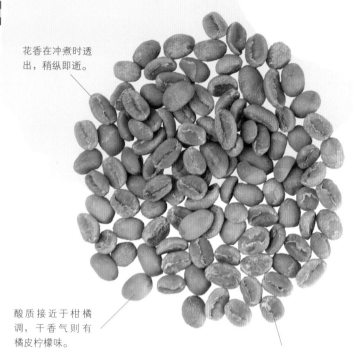

花香在冲煮时透出，稍纵即逝。

酸质接近于柑橘调，干香气则有橘皮柠檬味。

水洗耶加雪菲的特殊地域风味深受国人喜爱，有浓郁的红酒质感，干果甜韵。

埃塞俄比亚 耶加雪菲 科契尔 橘香

生豆档案

英　文　名：Ethiopia Yirgacheffe Kochere G1
品　　　种：Heirloom 原生种
国　　　家：埃塞俄比亚
产区庄园：科契尔
生豆处理法：水洗

COFFEE BEAN

生豆

▼
▼

温和、柔美、饱满，带有橘香气

　　耶加雪菲在埃塞俄比亚西达摩省，海拔高度为 1500~1800 米，这里所生产的咖啡豆具有独特的柑橘调和花香甜味，表现优异，所以逐渐从西达摩省的咖啡产区分离，在耶加雪菲形成单一产区。

　　耶加雪菲咖啡豆的好品质来自于当地咖啡农对于种植咖啡豆的坚持，小农们采用的是自然栽植，量少，照顾悉心，借以维持咖啡豆的品质。水洗咖啡豆是耶加雪菲最常见的咖啡生豆处理法，借由水洗发酵的制程，去除咖啡豆果皮、果肉、瑕疵豆，再进行脱水晒干，如此可以使品质好的耶加雪菲豆呈现出水洗豆明亮干净的风味。

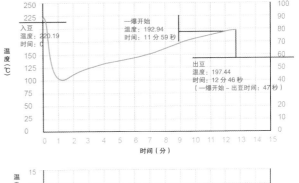

以极浅焙方式带出澄澈的水果味

生豆风味明亮澄澈、品质极好的水洗耶加雪菲，适合呈现其清新淡雅的气质。我们以极浅焙的方式，轻轻地烘托出独特的清新水果味。极浅焙的耶加雪菲，香气爽亮澄澈、淡雅，豆子还带有一点淡淡的杏桃香气，果香味明显。

水果炸弹烘焙法（直火）

烘焙

QRS烘焙曲线

生豆含水量：8.6%

生豆密度：852g/L

入豆温度：220.19℃

环境温度：35.7℃

环境湿度：53％RH

一爆开始温度：192.94℃ / 时间：11 分 59 秒

出豆温度：197.44℃ / 时间：12 分 46 秒

一爆开始到出豆时间：47 秒

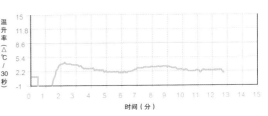

风味雷达图

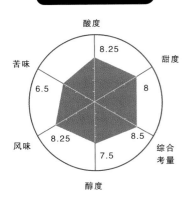

酸度	8.25
甜度	8
综合考量	8.5
醇度	7.5
风味	8.25
苦味	6.5

冲泡萃取风味

萃取

果实感就像咬下水果一般丰盈多汁

喝起来具有纯净利落的透明感，仔细用舌尖去感受，还有杏桃甜味；入喉之后可以感觉到喉韵里有饱满的热带干果及浓茶滋味；尾韵还喝得出红茶香。喝红酒有所谓的"酒体"饱满，果实感充盈，而这款科契尔橘香咖啡可以诠释何以咖啡是水果，品这款酒红色的科契尔也如喝红酒一般，可品尝到果实感饱满、丰盈多汁。

酸度明亮是这款咖啡的主要特色，强度达8.25，此外甜度表现也不俗，再加上醇度、苦味、风味等综合考量，整体品质可达8.5，足以说明耶加雪菲 G1 等级的优越品质。

埃塞俄比亚

埃塞俄比亚
西达摩
邦贝百香果

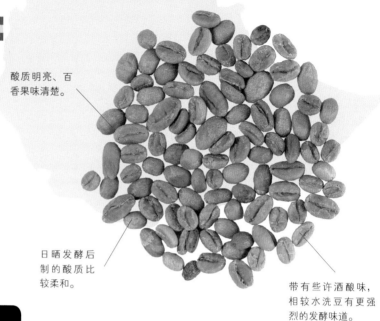

酸质明亮、百香果味清楚。

日晒发酵后制的酸质比较柔和。

带有些许酒酿味，相较水洗豆有更强烈的发酵味道。

生豆档案

英　文　名：Ethiopia Sidamo Bonbe G1
品　　　种：Heirloom 原生种
国　　　家：埃塞俄比亚
产区庄园：西达摩 邦贝
生豆处理法：日晒

生
豆
——
▼
▼

COFFEE BEAN

这款西达摩邦贝，有强烈的水果风味，浓郁的百香果气息，以及多肉多汁的果实感和荔枝甜香，入口舌尖上感觉微微刺刺。变凉之后，慢慢地会变成百香果酸质，是一款很容易辨识的豆子。它的苦味会稍微强一点，这也是西达摩产区的地域风味特色。

酸质明亮、百香果味清楚

西达摩为埃塞俄比亚五大产区之一

在埃塞俄比亚有五个大型咖啡产区：西达摩（Sidamo）、耶加雪菲（Yirgacheffe）、哈拉（Harrar）、利姆（Limu）、金碧（Gimbi），其中，耶加雪菲是大众最熟悉，也最喜欢的咖啡豆。耶加雪菲咖啡豆种苦韵最低的就是耶加雪菲产区、科契尔产区出产的；至于西达摩产区、哈拉产区的咖啡豆则会有点苦韵；利姆产区则会有更清楚的苦韵（类似柠檬、柑橘皮般隐隐透出的苦韵）；金碧的苦韵最轻，比较像科契尔那种淡淡苦韵，支撑着整款咖啡的风味骨架。

其中又分日晒豆和水洗豆。在非精品豆的时代，日晒豆是铺放在地上晒，咖啡生豆会吸附霉土味，到了精品豆的时代，就变成古法日晒、棚架晒，有酒酿香甜味，且莓果香气比水洗豆的酸质柔和，甜感更温润。

日晒的西达摩邦贝，具有强烈的热带水果特质，不仅饱满多汁，且酸质非常明亮，犹如百香果。为了表现明亮的百香果酸香气，建议使用浅焙直火方式，以炉具高温入豆之后，快节奏地热炒出浓郁的果酸香，再次降温以慢火磨去一些酸质，令这款豆子喝起来不但保有明确的百香果酸质、甜感，同时也能轻轻地带出其特殊的酒酿莓果香。

再降温 快节奏热炒

浅烘焙 Light
（直火）

烘焙

▼
▼

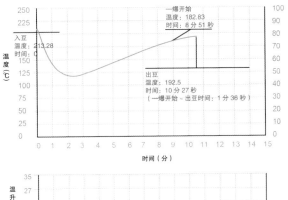

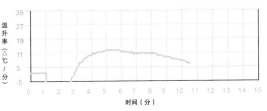

QRS烘焙曲线

生豆含水量：8.3%

生豆密度：861g/L

入豆温度：213.28℃

环境温度：31.5℃

环境湿度：53%RH

一爆开始温度：182.83℃ / 时间：8 分 51 秒

出豆温度：192.5℃ / 时间：10 分 27 秒

一爆开始到出豆时间：1 分 36 秒

冲泡萃取风味

想象一下炎炎夏日，最喜欢喝的热带水果汁，入口瞬间，口腔鼻腔盈满酸香及微微的发酵甜感，那就是这款咖啡喝起来的感觉。刚冲泡好的时候，饱满的酸质瞬间占据了你的味蕾，随之而来的则是舌尖上的甘甜味，最后轻轻用鼻腔去感受带点酒气的发酵味。建议在喝的过程中慢慢品尝，每一次入口前加入一点高温热水稀释，将味谱拉开，再度释放香气，可品尝到更多层次的风味。西达摩邦贝的特点在于，喝起来一点也不像咖啡，而是像喝果汁和发酵酒，从鼻息到入口，层层进入嗅觉和味觉系统的是百香果、蓝莓、柑橘等醇厚的果汁味道。到了后段，你会发现葡萄酒香在喉韵间出现，百香果风味令人惊艳！

带水果风情 百香果与柑橘酸香的热

萃取

▼
▼

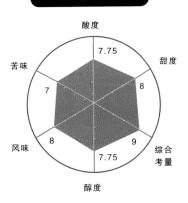

风味雷达图

酸度 7.75
甜度 8
综合考量 9
醇度 7.75
风味 8
苦味 7

埃塞俄比亚

埃塞俄比亚
金碧 莎芭女王

日晒豆的酸质较柔和，
带有酒酿甜味，有比较
强的发酵味。

生

豆

▼
▼

生豆档案

英 文 名：Ethiopia Gimbi Queen Sheba G1
品　　种：Heirloom 原生种
国　　家：埃塞俄比亚
产 区 庄 园：金碧镇邻近微产区
生豆处理法：日晒

COFFEE BEAN

　　此生豆来自金碧海拔 2000～2200 米产区，正是阿拉比卡种咖啡原生地，一个有着丰富咖啡基因的宝库。生豆商的推荐词写着：这款"莎芭女王 Queen Sheba"完美日晒豆有着丰富又多变的热带水果风味，呼应了女王的热情与内涵，是故以其为名，喝过便能体会。从生豆瑕疵率与生豆鲜香的谷物气息上判断，确实是高品质的浅日晒好豆。

酸质柔和、
酒酿甜感明显

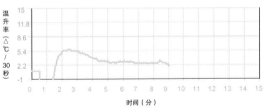
烘焙

浅烘焙 Light
（直火）

实际烘焙的过程中发现，鲜绿的豆样与硬度测定数据几近850g/L，确实是质密坚硬的好豆，我们采用五阶式的直火浅焙，并拉高爆点温度，起爆后温升只有3℃，不到30秒就出炉，可以得到比豆商所建议的更轻浅的焙度，出炉时的日晒豆莓果、柑橘香气非常强烈，果然是鲜香的翠绿硬质金碧豆特色。

洗豆的澄澈明亮

晒豆，气味接近水

风味干净清爽的日

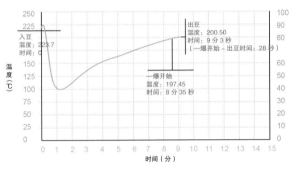

QRS烘焙曲线

生豆含水量：8.5%

生豆密度：848g/L

入豆温度：223.7℃

环境温度：35.1℃

环境湿度：56%RH

一爆开始温度：197.45℃／时间：8分35秒

出豆温度：200.50℃／时间：9分3秒

一爆开始到出豆时间：28秒

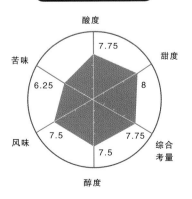

风味雷达图

酸度	7.75
甜度	8
综合考量	7.75
醇度	7.5
风味	7.5
苦味	6.25

冲泡萃取风味

萃取

这款"莎芭女王 Queen Sheba"完美日晒豆有着丰富又多变的热带水果风味，喝过便能体会。实际品尝时确实有诸多的水果风味，整款咖啡超乎寻常的饱满却又干净利落，虽是日晒豆，口感却几乎是水洗耶加的纯净，足见在日晒处理与瑕疵率上用足功夫，且几乎没有苦韵，甜感压过酸质，莓果调中糅合了浅浅淡淡的酒酿香，搭配清澈见底而悠长的甜韵，酒红色的浅焙咖啡色泽也相当迷人。特色是浅日晒风味逼近于水洗的口感，又有日晒豆的甜酒酿风韵。

明确的莓果调酸香味以及轻发酵的酒酿甜感

埃塞俄比亚

烛芒 耶加雪菲 埃塞俄比亚

生豆档案

英　文　名：Ethiopia Yirgacheffe Drima Zede
品　　　种：Heirloom 原生种
国　　　家：埃塞俄比亚
公　　　司：90+ Level Up 出品
生豆处理法：日晒

COFFEE BEAN

生豆是日晒的
耶加雪菲豆。

长身、个头大
小不均、偏黄。

生豆
——
▼
▼

蓝莓香味
在口中迸发的

　　Drima Zede 是当地用语，翻成英文是"Best Approach"，接近完美的意思，可见这款咖啡豆是豆商的骄傲之作！

　　生豆商是来自于 90+ 的副品牌，Level Up 的骄傲之作，沿袭 90+ 对于选豆的挑剔与要求，特制化的产品，严选来自西达摩 1750~2000 米海拔高度的耶加雪菲咖啡豆，进行精密地后制与调配，成就了这一款为 Level Up 定位的咖啡豆。

如同沐浴在森林里的小花丛

烛芒生豆品质接近完美，烘好之后闻起来气味不会特别强烈，只有木质调性带出了它高雅的气质，还有些许花果香。研磨干香的烛芒就像是森林里的小花丛，溢满着芬多精与花香味，是嗅觉上的一大享受。

烘焙

浅烘焙 Light
（直火）

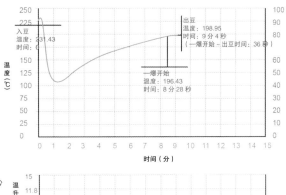

出豆
温度：198.95
时间：9 分 4 秒
（一爆开始～出豆时间：36 秒）

一爆开始
温度：196.43℃
时间：8 分 28 秒

入豆
温度：231.43
时间：

温度（℃）

时间（分）

QRS烘焙曲线

生豆含水量：8.9%

生豆密度：843g/L

入豆温度：231.43℃

环境温度：36.7℃

环境湿度：36.9%RH

一爆开始温度：196.43℃ / 时间：8 分 28 秒

出豆温度：198.95℃ / 时间：9 分 4 秒

一爆开始到出豆时间：36 秒

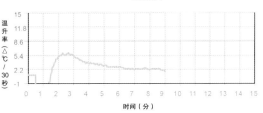

温升率（△℃ / 30 秒）

时间（分）

萃取

冲泡萃取风味

莓果香甜与威士忌的酒香魅力

冲煮好的烛芒有浓郁的蓝莓果香、花果甜香，十分讨喜。入口之后便能感受到柑橘和各种水果的酸香，酸质非常柔和，而且很快地引入了果酱般的香甜，最后以醉人的威士忌酒香缭绕口鼻，缀以甜美的可可韵收尾。

风味雷达图

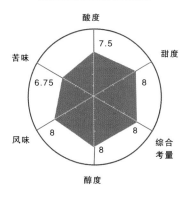

酸度 7.5

甜度 8

苦味 6.75

综合考量 8

风味 8

醇度 8

埃塞俄比亚

埃塞俄比亚

妮苏露茱

水洗原生种，长
身翠绿，颗粒大
小不一。

生
豆
───
▼
▼

生豆档案

英　文　名：Ethiopia Nitsu Ruz
品　　　种：Heirloom 原生种
国　　　家：埃塞俄比亚
公　　　司：90+ Level Up 出品
生豆处理法：水洗

COFFEE BEAN

　　90+ 公司以提供稀有和独特的咖啡生豆闻名，其选种与风味分级制度，使咖啡豆特有的水果风味得以分类分级。90+ 公司自有风味分类履历制度以来，深入产区掌握豆子的种植、采收、后处理等过程，在耶加雪菲产区当中总能以独树一帜的辨识性凸显出来。妮苏露茱从生豆外貌上，只看得出翠绿新鲜，在烘焙后杯测才能清楚地找出特殊的风味。

风味才能清楚找出在烘焙后杯测

花朵酸香

清爽的柠檬

妮苏露茱为典型的水洗耶加代表，风味纯净美好的柑橘调，清爽酸甜。浅浅的焙度正好释出适合夏天的清爽柠檬与橙皮调性，而此间环绕着淡淡的花香。

水果炸弹烘焙法（直火）

烘焙

▼
▼

QRS烘焙曲线

生豆含水量：9.3%

生豆密度：850g/L

入豆温度：219.21℃

环境温度：35.1℃

环境湿度：58%RH

一爆开始温度：192.16℃ / 时间：12 分 35 秒

出豆温度：196.08℃ / 时间：13 分 28 秒

一爆开始到出豆时间：53 秒

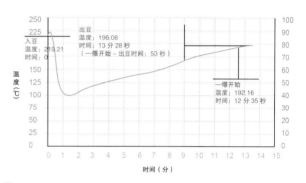

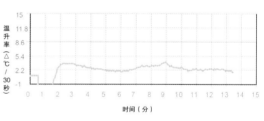

萃取

▼
▼

风味雷达图

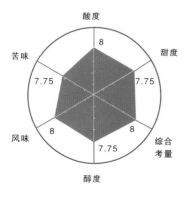

冲泡萃取风味

柑橘红茶的梦幻滋味

冲煮好的妮苏露茱弥漫着水果酸香，喝起来有柠檬汁、金桔汁的微酸感，还有淡淡的蜂蜜滋味。酸味会在口中慢慢转为甜感的荔枝味，最后以红茶香浮现，平衡了这趟味觉旅程的酸甜。

129

埃塞俄比亚

孔加 耶加雪菲 埃塞俄比亚

日晒豆的发酵味有如芒果干香，具有典型日晒耶加雪菲特色。

生豆
▼
▼

生豆档案

英　文　名：Ethiopia Yirgacheffe Konga Coop Abeyot Ageze G1
品　　　种：铁比卡（Typica）和 Heirloom 原生种的混合种
国　　　家：埃塞俄比亚
合　作　社：孔加合作社
生豆处理法：日晒

COFFEE BEAN

放多变的酸甜香
如青春少女般奔

这里的耶加雪菲咖啡豆主要的品种是铁比卡和原生种的混合，所生产的咖啡豆硬度高、风味足，具有风味清楚和层次丰富的两大优势，是咖啡豆商最爱的日晒豆。

1556 名小农组成的孔加合作社（Konga Coop）

孔加是一个咖啡合作社的名称，是1994 年由 1556 名咖啡小农联合组成的咖啡合作社，他们所种植的咖啡樱桃都在这里处理。

他们的咖啡树种植在埃塞俄比亚耶加雪菲南方，海拔约 2000 米的高山上，其咖啡豆种为铁比卡和原生种的混合，风味具足，且后制处理相当精细，因此这里的耶加雪菲咖啡豆负有盛名。

浅烘焙 Light（直火）

混合了原生种的孔加，生豆硬度高、耐烘焙，进入中深焙后能带出明显的甜味和核果味。而我们设计以浅焙的方式烘焙孔加咖啡豆，主要是烘豆师认为浅焙能够展现孔加最多的风味面貌，完美释出各种热带水果风味，且尾韵还有浓郁的草莓酒香气味。

以浅焙带出草莓酒香尾韵

烘焙
▼
▼

QRS烘焙曲线

生豆含水量：9.2%

生豆密度：834g/L

入豆温度：195.97℃

环境温度：33.8℃

环境湿度：44.1%RH

一爆开始温度：186.12℃ / 时间：12 分 4 秒

出豆温度：192.43℃ / 时间：12 分 48 秒

一爆开始到出豆时间：44 秒

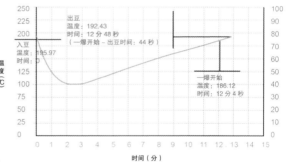

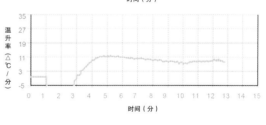

萃取
▼
▼

风味雷达图

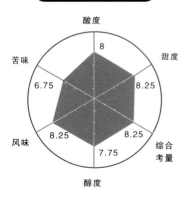

酸度 8
甜度 8.25
苦味 6.75
风味 8.25
综合考量 8.25
醇度 7.75

冲泡萃取风味

冲煮好的孔加最迷人之处，便是前、中、尾韵，展现了平衡的酸、温润的香、甘美的甜。香气是草莓与蓝莓的香，酸质是柠檬、柑橘、桔子的酸中带甜，而后段开始出现如果酱般的甜蜜感，还有一点草莓酒香微醺的滋味。苦韵极低，醇度厚实，干净度佳。

前、中、尾韵 展现不同的酸 香甜

埃塞俄比亚 🇪🇹

巴格希 埃塞俄比亚

COFFEE BEAN

采用日晒处理的巴格希，
生豆散发出浓浓的后发
酵甜香气。

生
豆
————
▼
▼

生豆档案

英 文 名：Ethiopia Bagersh Level Up Yirgacheffe 90+
品 种：Heirloom 原生种
国 家：埃塞俄比亚
产区庄园：耶加雪菲
生豆处理法：日晒

典型的耶加雪菲日晒风味豆

巴格希是一个家族名称，他们世代在埃塞俄比亚当地经营咖啡事业，专业经验丰富，所生产的咖啡豆品质良好。

这款咖啡豆的特色是后制日晒处理手法细致，采取传统日晒的方式，将咖啡樱桃放在垫高的棚架晒床上，再以人工一颗一颗细细地筛选咖啡樱桃、翻转咖啡樱桃使其日晒均匀，焖住咖啡樱桃果浆慢慢发酵出酒酿香气，最后再将外层果肉脱去。

要求所贩售的咖啡豆杯测分数都要在 90 分以上的生豆商—— 90+

90+ 是一个美国的生豆商，他们号称对于所生产的咖啡都有极高的要求标准——也就是杯测分数要高达 90 分以上。

那么要如何才能买到品质这么好的咖啡豆呢？答案就是直接进到产区，直接参与咖啡豆的后制，甚至从咖啡树种植就开始把关品质，所以他们对于所贩售的生豆，在种植、后制、选豆等阶段全程参与，当然有权利直接贩售这款豆子。像这种世界级的咖啡生豆商，他们收购咖啡豆会有自己的品质管理和见解，也会有独特的风味喜好，因此挂上 90+ 品牌的咖啡豆，人们就知道它的选豆风格倾向大概会是什么，品质有多到位，从而吸引人再进一步探究杯中滋味。

132

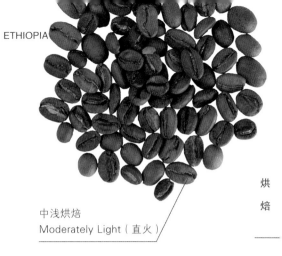

发酵的甜香滋味
探索熟甜莓果与

生豆品质良好的巴格希，浅焙后会有清爽的莓果熟甜香，而只要将焙度从浅焙稍微拉长到中浅焙，就可以找到它的可可味和蔗糖香气，还带着酒香味。各种风味都平衡得很好，余韵不绝。

中浅烘焙
Moderately Light（直火）

烘焙

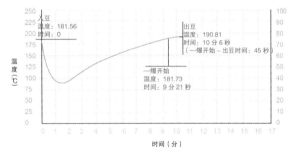

QRS烘焙曲线

生豆含水量：8.9%

生豆密度：743g/L

入豆温度：181.56℃

环境温度：27.3℃

环境湿度：47.6%RH

一爆开始温度：181.73℃ / 时间：9 分 21 秒

出豆温度：190.81℃ / 时间：10 分 6 秒

一爆开始到出豆时间：45 秒

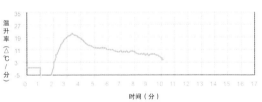

萃取

风味雷达图

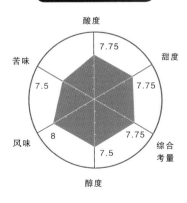

喜欢淡雅清爽滋味咖啡的人可以品尝这款咖啡，它极细腻地点出了几种截然不同的风味，喝起来口感恰到好处的平衡。

初入口便可在鼻息间闻到一股淡雅清爽的甜感，随后蓝莓和甜橙的微酸感在舌尖释放，接着焦糖甜感进入，酒香开始弥漫在嗅觉当中，最后再以巧克力可可韵完美收尾。

冲泡萃取风味

以莓橙的酸甜香为序曲的品尝历程

埃塞俄比亚

翠绿，大小均匀，长而椭圆。

埃塞俄比亚 科契尔 果多洽 阿杜莉娜

生豆

▼
▼

生豆档案

英 文 名：Ethiopia Kochere Gololcha G1
品　　种：Heirloom 原生种
国　　家：埃塞俄比亚
产区庄园：科契尔 果多洽产区
公　　司：阿杜莉娜出品
生豆处理法：水洗法后段自然棚架日晒

COFFEE BEAN

令人惊艳的甜感与花香

果多洽西临哈拉古城（Harrar），邻近埃塞俄比亚奥罗米亚州（Oromia Region）的阿尔西（Arsi）地区，坐落于海拔高度1800~2000米的小产区。同属于耶加雪菲产地的咖啡豆，由不同处理厂后制，生豆的品质和风味就有所不同。当然耶加雪菲豆本身品质就够优，由阿杜莉娜公司特殊的"水洗法后段自然棚架日晒"处理后，诞生了这款甜度很丰沛的咖啡豆，令人惊艳。

埃塞俄比亚当地咖啡出口量第一名的公司

成立于1996年的阿杜莉娜公司，不仅具有完备的水洗处理厂与干式去壳机，其对瑕疵豆的筛选以及对生豆成品的要求，也是造就它得到世界豆商信任的主要原因。坚持聘请优秀杯测师为其出口的每一颗豆子把关风味，并且积极与世界级的公司合作交流，促成了阿杜莉娜公司从2007年开始，成为埃塞俄比亚当地咖啡出口量第一名的公司。

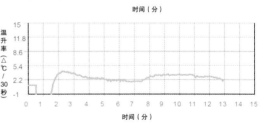

水果炸弹烘焙法（直火）

极浅焙是酸甜
感最佳的呈现

甜感是这款咖啡豆的主要特色，而极浅焙对于烘豆师而言，是最能呈现这款咖啡豆丰富风味的焙度。烘好的咖啡豆有柑橘香、花香，还有些许浓郁的坚果香、油脂甜，层层叠叠，回味无穷。烘豆师也喜欢选用这种杯中滋味纯净，果实感强烈的好豆作为重焙，入口麻而油润，苦甘转甜，尾韵突出花香，中温时仍能摆荡出果酸香，冷杯后甜感仍在，咖啡的层次感和醇厚度兼具。

烘焙 ▼

QRS烘焙曲线

生豆含水量：8.7%

生豆密度：843g/L

入豆温度：219.88℃

环境温度：36.3℃

环境湿度：52％RH

一爆开始温度：192.66℃ / 时间：12 分 15 秒

出豆温度：196.97℃ / 时间：12 分 58 秒

一爆开始到出豆时间：43 秒

出豆
温度：196.97
时间：12分58秒
（一爆开始～出豆时间：43 秒）

入豆
温度：219.88
时间：

一爆开始
温度：192.66
时间：12分15秒

温度（℃）

时间（分）

温升率（△℃/30秒）

时间（分）

萃取 ▼

风味雷达图

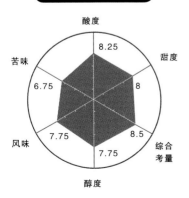

酸度 8.25
甜度 8
综合考量 8.5
醇度 7.75
风味 7.75
苦味 6.75

冲泡萃取风味

在花香里啜尝的甜美滋味

由阿杜莉娜公司出品的精致水洗处理科契尔 G1 等级，有着优雅迷人的花茶香，水果般的清甜感，柑橘、葡萄调性的干香气。咖啡中有饱满的干果浓茶滋味，又有水洗耶加纯净的甜感，果实感风味饱满，水果层次鲜明。初入口时有柠檬和柑橘的微酸香气，环绕着花香，尔后释出甜感，有点像是烤地瓜的甜味，或是坚果的香甜味，甜感很明显。

埃塞俄比亚 (★)

洛米塔夏 柠檬绿

埃塞俄比亚 耶加雪菲

水洗原生豆种混
有圆豆，生豆长
而椭圆、翠绿。

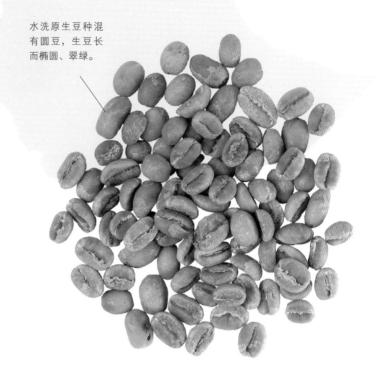

生

豆

▼
▼▼

COFFEE BEAN

生豆档案

英 文 名：	Ethiopia Lomi Tasha Yirgacheffe
品 种：	Heirloom 原生种
国 家：	埃塞俄比亚
产区庄园：	耶加雪菲 沃卡村
公 司：	90+ Level Up 出品
生豆处理法：	水洗

花香里的青绿柑橘

耶加雪菲咖啡豆的品质极
好，通过不同豆商或处理厂之
手所生产的耶加雪菲豆，也展
现出不同风貌，其相同点便是
柑橘调性风味明确，气质干净
澄澈。这款洛米塔夏出自于生
豆商 90+ 之手，精心地处理使
其又成为挑剔的咖啡人的猎豆
目标。它的特色是甜感很柔顺，
还有花香。

水果炸弹烘
焙法（直火）

136

洛米塔夏当地语
为柔软青柠之意

柠檬绿是它的风味名字，我们以水果炸弹的极浅烘焙手法来表现其地域风味，呈现前味明亮的酸甜震感，绽放花香，凸显咖啡的酸质瞬间转化出水果香甜，主要表现这款咖啡的果糖甜感饱足，能跟透亮的水果酸质相争。

QRS烘焙曲线

生豆含水量：8.9%

生豆密度：845g/L

入豆温度：220.03℃

环境温度：36.7℃

环境湿度：55%RH

一爆开始温度：191.94℃ / 时间：12分3秒

出豆温度：196.69℃ / 时间：12分44秒

一爆开始到出豆时间：41秒

烘
焙

▼

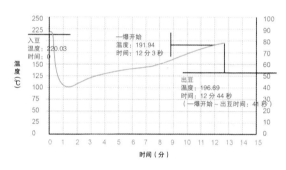

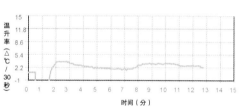

风味雷达图

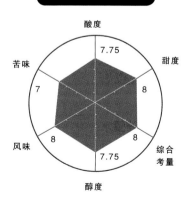

萃
取

▼
▼

有着耶加雪菲产区典型的柔美优雅风味，柑橘主调性，淡淡茉莉花香，有着养乐多加上柠檬绿茶的酸甜口感。水果炸弹式的极浅烘焙使得整体口感更显清甜，柔软而细腻，像是加了三分糖的清新柠檬绿茶。

冲泡萃取风味

清新的柠檬绿茶香气

埃塞俄比亚

埃塞俄比亚
西达摩 狮子王 G1

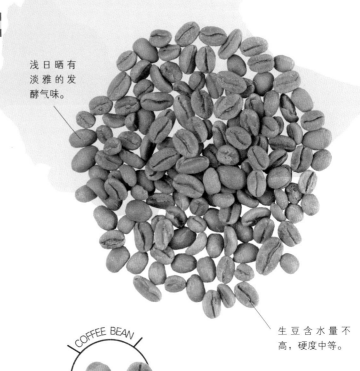

浅日晒有淡雅的发酵气味。

生豆含水量不高，硬度中等。

COFFEE BEAN

生 豆

生豆档案

英 文 名：Ethiopia Sidamo Lion King G1
品 种：Heirloom 原生种
国 家：埃塞俄比亚
产区庄园：西达摩希尔莎合作社
生豆处理法：日晒

火山灰土壤成就了高品质咖啡豆
深褐色的火山灰土壤中含有非常多的矿物质以及有机物质，这些来自于大自然的腐叶、残根等生物分解之后的养分，成为咖啡树的天然肥料，将咖啡樱桃培育得大颗又饱满，滋味丰富。

美国权威咖啡评点网站高分的咖啡豆

西达摩狮子王 G1 在市场上奇货可居，因为它在美国权威咖啡点评网站 Coffee Review 得到了 92 分 ~94 分的高分，也是咖啡师心目中的梦幻逸品。它的迷人之处在于风味强烈，水果调性丰富，口感滑顺，气味干净平衡，品尝它是饮者的一大享受。西达摩所生产的咖啡豆很特别，这里的咖啡树品种很多，且多为滋味丰富的原生种，再加上种植咖啡树的土壤和气候适合，所以同样是西达摩产地，出产的咖啡豆风味却很多元，经过细心挑选之后，便成就了令人眼睛为之一亮的这一批次。

138

气味 具有舒缓和镇定的疗愈

以浅焙来烘焙这款评价极高的咖啡豆，闻其研磨后的干香就有很好的疗愈效果。烘焙后，会有一股茉莉花香、野姜花香，这种淡雅的花香气，在第一时间便使人心情放松，进入一种舒适的氛围。紧接着柠檬皮和蜂蜜的香气，则通过嗅觉的享受起了舒缓和镇定作用，香氛相当疗愈。

烘焙

浅烘焙 Light
（直火）

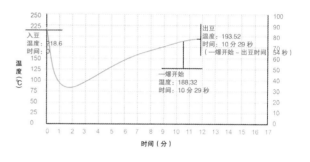

QRS烘焙曲线

生豆含水量：8.9%

生豆密度：830g/L

入豆温度：218.6℃

环境温度：31℃

环境湿度：47.6%RH

一爆开始温度：188.32℃ / 时间：10 分 29 秒

出豆温度：193.52℃ / 时间：11 分 23 秒

一爆开始到出豆时间：54 秒

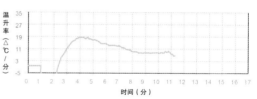

萃取

风味雷达图

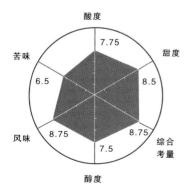

冲泡萃取风味

具有丰富的水果调性和柔润的口感

冲煮好的狮子王 G1 会有很强烈的温带水果调性，哈密瓜味、草莓味、水蜜桃味等多层次气味占据口腔，百味绽放却又平衡不冲突，喝起来顺口，气味干净。最后的尾韵则出现发酵酒感的香甜味，令人回味无穷。

埃塞俄比亚

科契尔 柯瑞处理厂G1
耶加雪菲
埃塞俄比亚

生豆

▼
▼

非洲原生种典型的日晒豆，长而饱满，略带米黄色，散发出淡淡的芒果干气息。

生豆档案

英 文 名：Ethiopia Yirgacheffe
Kochere Kore G1
品　　 种：Heirloom 原生种
国　　 家：埃塞俄比亚
产区庄园：科契尔
处　理　厂：柯瑞处理厂
生豆处理法：日晒

浓郁的水果酒香攻占味蕾

　　耶加雪菲在精品咖啡界是个如雷贯耳的名称，它是位于埃塞俄比亚南部高原的一个城镇，也是附近咖啡豆的集散中心。另外，它也是耶加雪菲产区内所生产的带有浓郁柑橘、柠檬调与花香特色咖啡的代名词。

　　耶加雪菲又可细分成四个产区——科契尔（Kochere）、金蕾娜安芭雅（Gelana Abaya）、耶加雪菲（Yirgacheffe）及维纳戈（Wenago），不过一般来说，耶加雪菲所指的就是盖德奥（Gedeo）行政区内所生产的咖啡的通称，本批次耶加雪菲生产于科契尔柯瑞处理厂，附近有650~700个咖啡小农，农民会将成熟的咖啡浆果送到这里做处理。处理厂筛选可用的浆果后，直接放置棚架上曝晒，刚晒的前几天每2~3小时就会翻动一次，以防过度发酵。经过4~6周的日晒，工人会视天气及温度情况，用机器刮除外层果肉后，运送至仓库存放。通常日晒处理的豆子都是以带壳的形式仓储，直到出手前才会去壳打磨，以确保生豆品质。

精油、酒酿味、柑橘

莓果香气、

科契尔咖啡豆的特质是风味干净、苦韵低、甜感强烈、酸质明亮，拥有典型的日晒甜酒酿风味。莓果似的香气类似草莓夹心饼干的干香气。

烘焙

▼
▼

浅中烘焙 Light
Medium（直火）

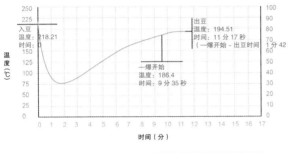

QRS烘焙曲线

生豆含水量：8.7%

生豆密度：850g/L

入豆温度：218.21℃

环境温度：23.7℃

环境湿度：72.6%RH

一爆开始温度：186.4℃ / 时间：9 分 35 秒

出豆温度：194.51℃ / 时间：11 分 17 秒

一爆开始到出豆时间：1 分 42 秒

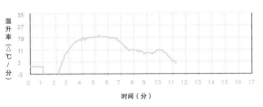

冲泡萃取风味

萃取

▼
▼

从水果汁液到醇厚的水果酒感

风味雷达图

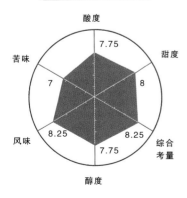

这款柯瑞 G1 等级拥有甜柑橘调、蜂蜜糖浆甜和复杂的酸质，香气饱满，口感柔滑，充满果汁感的前段风味以及细细以酒感收尾的醇厚滋味。将烘好的豆子磨开后，首先扑鼻而来的是莓果香气。

喝柯瑞 G1 等级日晒豆的乐趣在于，它像是柑橘类加上莓果类的水果茶加入了发酵酒，因而从入口到吐出鼻息的是柳橙精油香、蜂蜜甜、柑橘酸等醇厚的果实感，而到了后段，你会发现甜酒酿香在喉韵间出现，是一款清爽而无负担的好咖啡！

埃塞俄比亚

埃塞俄比亚

S.M 西洋棋 玫瑰红茶

鲜绿质硬，瑕疵率极低。

生豆体积小，均匀而饱满。

生

豆

▼
▼

生豆档案

英 文 名：Sweet Maria's Ethiopia
　　　　　Yirgacheffe Kochere G1
品 　 种：Heirloom 原生种
国 　 家：埃塞俄比亚
产 区 庄 园：科契尔
公 　 司：西洋棋合作社 S.M 出品
生豆处理法：水洗

COFFEE BEAN

具有玫瑰花瓣清香的梦幻咖啡豆

　　S.M（Sweet Maria's）是世界级咖啡豆商，专门少量供应自家烘焙用豆，他们以自己的选豆风格和评选高标准，严选了几款埃塞俄比亚原生种咖啡豆，调配出这款具有玫瑰红茶感的梦幻咖啡豆——西洋棋。除了严选生豆之外，为了达到豆商期待的风味目标，在后制处理手法上也非常细致。水洗制程让咖啡风味干净而明亮，在这些筛选的品管过程中，先不问咖啡美味的层次有多高，单是层层把关挑掉瑕疵豆，借由品管将瑕疵率降到最低，就足以使这款豆子表现出完美的原始风味。

142

用极浅焙表现水果和红茶的清新滋味

这款西洋棋的淡雅芬芳迷倒很多女性咖啡爱好者，因此在烘焙手法上，烘豆师采用极浅焙的方式，即可将这款豆子的柑橘香气、红茶感、玫瑰花瓣香等表现得淋漓尽致。烘好的咖啡豆一磨开，就散发着清香的深发酵红茶气味，还有微酸的柑橘味，让人迫不及待想啜饮一口。

水果炸弹烘焙法（直火）

烘焙

▼
▼

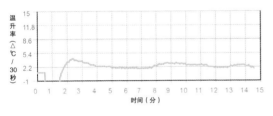

QRS烘焙曲线

生豆含水量：8.7%

生豆密度：856g/L

入豆温度：219.64℃

环境温度：32.8℃

环境湿度：55%RH

一爆开始温度：192.22℃ / 时间：13 分 41 秒

出豆温度：196.93℃ / 时间：14 分 32 秒

一爆开始到出豆时间：51 秒

冲泡萃取风味

萃取

▼
▼

风味雷达图

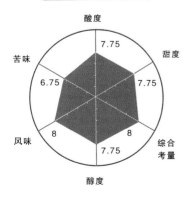

冲煮好的西洋棋有特殊的玫瑰花瓣清香气，伴随着甜甜的深红樱桃气味，以及柑橘的果酸香。喝下之后，清新的红茶感在喉韵间往上散开，杏桃甜感迸发，随后萦绕在口中的是如同水果红茶般的酸甜，带点玫瑰花瓣清香。这款西洋棋压不住的清香和后韵很适合搭配口味较重的甜点，例如重乳酪蛋糕。

包覆在玫瑰花瓣香里的酸甜水果红茶

埃塞俄比亚 ✦

埃塞俄比亚
利姆奇拉 青柠

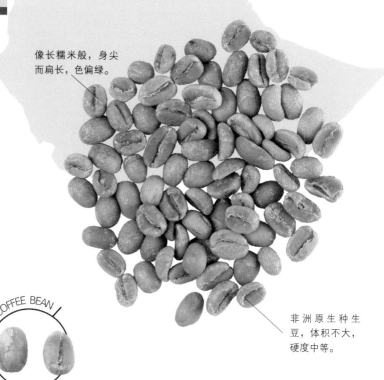

像长糯米般，身尖而扁长，色偏绿。

非洲原生种生豆，体积不大，硬度中等。

COFFEE BEAN

生豆 —— ▼ ▼

生豆档案

英　文　名：Ethiopia Limu Gera G1
品　　　种：Heirloom 原生种
国　　　家：埃塞俄比亚
产区庄园：利姆（Limu）农区
生豆处理法：水洗

酸质清楚，甜感平衡

　　利姆奇拉是埃塞俄比亚原生种咖啡豆，它的体积较小，对环境条件耐受程度较高，风味具足。特别是经过水洗轻发酵处理后的咖啡豆，更能呈现出其天然酸香气息，引人入胜。

利姆是以原生种咖啡豆著名的埃塞俄比亚五大产区之一

　　利姆是埃塞俄比亚的五大咖啡产区之一，这里所生产的咖啡豆最大的特色就是多为原生种咖啡豆。所谓原生种咖啡豆，就是从数百年前便在这里自然生长而成的咖啡树种，如同自家后院自然生长而成的土芭乐树、土芒果树。这种"原生种"不会像后来的改良种一样，又大又多汁，可是它的地域风味十足，浓郁醇厚。经过水洗处理的利姆具有青柠檬或柑橘的酸香气，还有一点青柠檬表皮上的微微刺涩苦味，香气丰富。

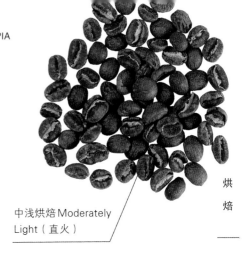

平衡甜感，水果酸香明亮，

这款咖啡豆闻起来有淡雅的花香气，还带着一点柑橘或青柠檬的酸香气，很受女性喜爱。我们将它细细地烘制成中浅焙，慢慢地将其中的柠檬酸、柑橘酸、金桔酸，一层一层地释放出来。由青柠檬皮刮下来的油精香气点缀，佐以蜂蜜甜转出果糖甜，再以焦糖甜收尾，呈现这款咖啡豆的最佳甜蜜点。

中浅烘焙Moderately Light（直火）

烘焙

▼
▼

QRS烘焙曲线

生豆含水量：9.3%

生豆密度：823g/L

入豆温度：218.37℃

环境温度：33℃

环境湿度：49.7%RH

一爆开始温度：180.86℃／时间：9 分 23 秒

出豆温度：193.23℃／时间：11 分 3 秒

一爆开始到出豆时间：1 分 40 秒

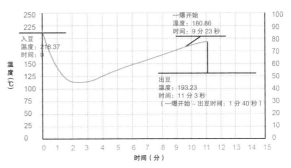

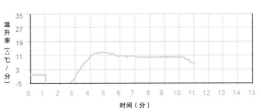

萃取

▼
▼

风味雷达图

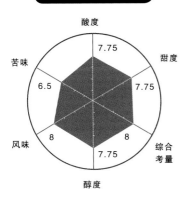

中等硬度的利姆奇拉烘成中深焙不如烘成中浅焙来得出色，浅焙就足以展现它的特殊地域风味，带出最佳辨识度。若是极浅焙的利姆奇拉则带有柠檬鲜香的酸味，或是微微的柑橘香，入口之后酸中带点甜感，即使做成热咖啡，也能在夏日带来一股奔放清爽的气息，冷杯后尾段是焦糖甜感，足以证明它是一款层次变化丰富，有内容的好咖啡。

冲泡萃取风味

柠檬酸香味层次分明的

145

日晒豆色淡黄，浅发酵味，颗粒大小不均。

生豆硬度高，瑕疵率低。

埃塞俄比亚 哥迪贝

咖啡生豆的细致后制处理

生豆档案

英　文　名：Ethiopia Yirgacheffe Gedeb
　　　　　　Abeyot Ageze G1
品　　　种：Heirloom 原生种
国　　　家：埃塞俄比亚
产区庄园：阿格西小农
生豆处理法：日晒

COFFEE BEAN

经过细腻后制处理的哥迪贝生豆，具有淡雅芳香的发酵气味，还有一些水果香甜的气味。这些咖啡树生长在海拔较高的地点，酝酿了长久的生长期和结果期，饱满地吸收了土地养分，也在寒冷的环境里结成了硬度较高的咖啡樱桃，因此品质极好，再加上繁复、细致的高成本后制处理手法，使得哥迪贝咖啡生豆成为许多咖啡馆追逐的梦幻逸品，每一年必列入豆单中。

哥迪贝是耶加雪菲产区最精华的区域，该产区的海拔最高超过 2000 米，享有良好的咖啡生长环境。首先，使用日晒处理法，严格控管日晒时间为 18 日（Slow Drying），足够的日晒时间使其慢慢收缩水分，一点一滴地将咖啡樱桃里的风味泌入咖啡生豆当中，恰如其分的后发酵程度，令其风味干净分明。其次，每一层晒咖啡的棚架只铺了一层咖啡樱桃，如此在日晒发酵过程中有良好的通风，咖啡樱桃表面能被均匀地晒到。如此精制咖啡豆的工艺，也算不辜负埃塞俄比亚这片得天独厚的咖啡生产宝地。

生
豆
—
▼
▼

第三波咖啡文化带来埃塞俄比亚咖啡农产的革命

过去埃塞俄比亚虽是咖啡重要生产国，但是咖啡农对于咖啡种植的技术和知识，乃至后制处理，都受限于教育和眼界，因此所生产的咖啡豆品质属中等或中下，价格也只能到达商业豆的水准。然而，随着时代改变，以及第三波咖啡文化的兴起，埃塞俄比亚也有咖啡知识分子接受了西方教育，将更好、更新的咖啡知识带回埃塞俄比亚，促成了埃塞俄比亚咖啡农产的革命。哥迪贝就是这革命后的心血结晶。

中度烘焙
Medium（直火）

日晒的哥迪贝蕴藏着丰富而浓烈的水果香气，浅浅的中焙恰好能将这个万众瞩目的甜蜜点带出来。烘好磨开的哥迪贝绽放出淡淡的茉莉花香，还有一点甜酸的莓果香气，弥漫在空气中，迸发着舒畅宜人的调性。

以中焙带出迸发的熟甜水果香气

烘焙

▼
▼

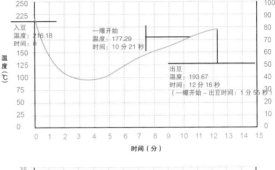

QRS烘焙曲线

生豆含水量：9.4%
生豆密度：813g/L
入豆温度：216.18℃
环境温度：33.8℃
环境湿度：50.9%RH
一爆开始温度：177.29℃ / 时间：10 分 21 秒
出豆温度：193.67℃ / 时间：12 分 16 秒
一爆开始到出豆时间：1 分 55 秒

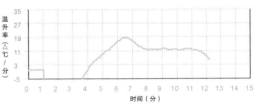

风味雷达图

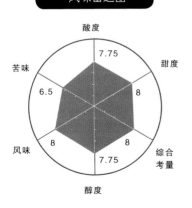

手冲的哥迪贝，咖啡颜色清透，喝起来有非洲豆经典的干净度，层次分明。第一口啜饮时，就像是咬到水果软糖那样，出现爆发性的酸甜，而其中水蜜桃的香气特别浓郁。等到咖啡温度慢慢下降，日晒发酵所产生的香醇葡萄酒味开始从口中弥漫至鼻腔，而水蜜桃的香甜还余韵不绝。再往下啜饮，会让人在日晒豆的酒酿香和水洗豆的明亮酸质之间摆荡，后段的甜感相当细致质密，几乎没有感受到苦韵，酸质则在降温变化当中先上升再黯淡，回归到日晒豆的酸质温润，甜感柔和。

冲泡萃取风味

盈满口中的水果糖、葡萄酒香

萃取

▼
▼

埃塞俄比亚

埃塞俄比亚 耶加雪菲
蜜妮蜜

生豆硬度高，
瑕疵率低。

饱满鲜香，颗粒
大小均匀，谷物
味清新。

生

豆

▼
▼

COFFEE BEAN

生豆档案

英　文　名：Ethiopia Yirgacheffe
　　　　　　Mini Me
品　　　种：Heirloom 原生种
国　　　家：埃塞俄比亚
产区庄园：耶加雪菲盖德奥
　　　　　　（Gedeo）产区
生豆处理法：水洗

白桃风味，
酸甜苦平衡顺口

　　这是水洗的耶加雪菲，独有
的白桃风味层次丰富，风味干净
明亮，令人向往。因为咖啡豆较
一般耶加雪菲豆小，因此将其称
为"Mini Me"。蜜妮蜜每一颗咖
啡豆品质筛选均匀，连大小都相
似，瑕疵率极低，这也是它受到
咖啡爱好者喜欢的原因。

极浅焙下的栀子花香和青柠味

在细致的极浅焙之下，蜜妮蜜可以展现出最佳地域风味。烘好的极浅焙蜜妮蜜会散发出一种栀子花香，伴随着清爽的青柠气味，仿佛是春夏之际召唤来的田园香气，令人身心舒畅。

烘焙

▼
▼

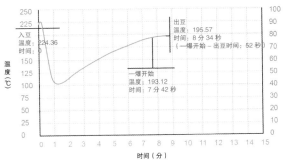

极浅烘焙 Very Light（直火）

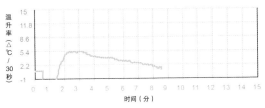

QRS烘焙曲线

生豆含水量：8.8%

生豆密度：868g/L

入豆温度：224.36℃

环境温度：34.4℃

环境湿度：55%RH

一爆开始温度：193.12℃ / 时间：7 分 42 秒

出豆温度：195.57℃ / 时间：8 分 34 秒

一爆开始到出豆时间：52 秒

萃取

▼
▼

冲泡萃取风味

平衡韵味 静谧深远的酸甜苦

研磨时即沁出青柠、栀子花般的甜香气。蜜妮蜜初入口，会有强烈的柠檬、青柠酸香，带点蜂蜜味，这种入口的酸带一点点刺感，尔后酸味逐渐浑厚明显，便是加入了柑橘酸，再转化为莓果酸甜，尾韵会带一点点苦，把调性拉平顺，此时蜂蜜尾韵出现，口感滑顺。第二口回韵吐香，浓郁更盛，有如日本白桃、荔枝似的甜感布满舌面。第三口，中温后的酸质逐渐明朗，柔和地与焦糖香攀比竞出。厚实的果实感充盈饱满，交织出精彩多汁的特别滋味，终在冷杯前出现水蜜桃风味，层次分明地展现直火烘焙风格。

风味雷达图

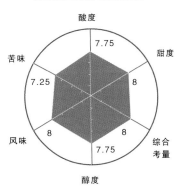

酸度
7.75

甜度
8

苦味
7.25

综合考量
7.75

风味
8

醇度
8

肯尼亚

**肯尼亚
伊洽玛玛绿番茄**

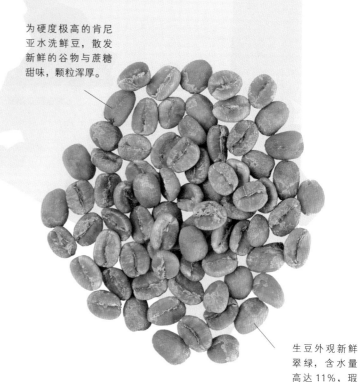

为硬度极高的肯尼亚水洗鲜豆，散发新鲜的谷物与蔗糖甜味，颗粒浑厚。

生豆外观新鲜翠绿，含水量高达 11%，瑕疵率低。

生
豆
——
▼
▼

生豆档案

英 文 名：Kenya Nyeri Rumukia FCS Ichamama
　　　　　A.A TOP Double Handpicking
品　　种：波旁突变种 SL28、SL34
国　　家：肯尼亚
产区庄园：冽里（Nyeri）
处 理 厂：伊洽玛玛处理厂
生豆处理法：水洗

酸梅调、蔗糖甜韵

　　伊洽玛玛是肯尼亚冽里（Nyeri）的一个水洗处理厂，是肯尼亚最大咖啡农民合作社 —— Othaya 合作社的九个水洗处理场之一。相较于巴西、巴拿马等柔软风味的产区，肯尼亚咖啡风味属于突出型。东非肯尼亚高原产区的风味特色为略带干涩的红酒质地，红土地栽培出的微微涩碘味的地域风味；一般肯尼亚为典型的深色莓果风味；有明显乌梅、陈梅、仙楂风味调性。

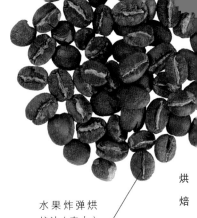

绿番茄般的甜韵

这款豆在极浅的烘焙度下能显现出绿番茄般的酸甜滋味，淡淡的花香与蔗糖甜韵，层次感丰富，其极浅焙度下的绿番茄风味是在肯尼亚陈梅调系列豆款中少见的。

精品级的肯尼亚，又是 A.A TOP 等级。在不同烘焙度下能够呈现出陈梅、乌梅、酸梅的主调性，带些花香气味。口感上除了酸质道劲，甜感也强，风味纯净且后韵长，产区特色容易辨认。

水果炸弹烘焙法（直火）

烘焙

▼
▼

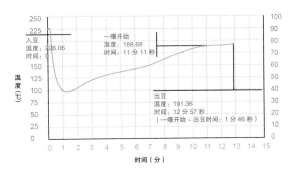

QRS烘焙曲线

生豆含水量：11.7%

生豆密度：858g/L

入豆温度：226.06℃

环境温度：28.2℃

环境湿度：46.3%RH

一爆开始温度：188.68℃ / 时间：11 分 11 秒

出豆温度：191.36℃ / 时间：12 分 57 秒

一爆开始到出豆时间：1 分 46 秒

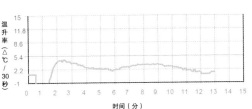

萃取

▼
▼

风味雷达图

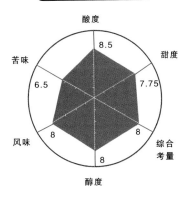

- 酸度 8.5
- 甜度 7.75
- 苦味 6.5
- 风味 8
- 综合考量 8
- 醇度 8

冲泡萃取风味

干香有非常丰富的绿色番茄味，淡淡的花香，而水果炸弹烘焙法凸显它入口时爆炸性的酸震甜，尾韵则是焦糖收尾。它具有非常饱满及典型的深色梅果肯尼亚风味，整体是扎实且浓郁的烟熏乌梅调性，带着柑橘、仙楂、蔓越莓、小红莓的酸甜滋味。其最大的特性在于咖啡酸质强度的表现，还有它随着温度变化所展开的层次变化。

丰富 酸甜滋味层次

肯尼亚

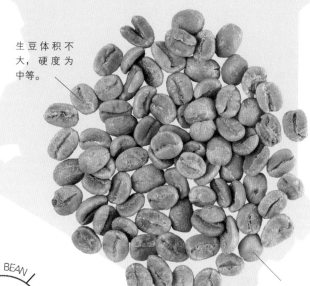

生豆体积不大，硬度为中等。

FAQ

肯尼亚 A.A

COFFEE BEAN

FAQ（Fair Average Quality）意指在风味上良好平均的品质，会有一些轻微的瑕疵豆，但是不影响其风味。

生豆

生豆档案

英　文　名：Kenya A.A FAQ
品　　　种：波旁突变种 SL28、SL34
国　　　家：肯尼亚
产区庄园：四城市特选
生豆处理法：水洗

果酸甜　浓郁而圆润的水

　　肯尼亚 A.A 级是不可多得的好豆，它的酸质清澈，甜韵鲜香，而精品级的肯尼亚生豆，不论是否为 S.H.B（Strictly Hard Beans）严选高海拔极硬豆，都是高海拔的好豆。以其鲜甜劲酸的强烈水果调性来标注其地域风味，风味上有明显的陈梅乌梅调性，果醋酸感，水果酸甜，口感浓郁。

高品质的肯尼亚豆来自于优异的生长环境，以及政府支持

肯尼亚也是咖啡生产大国，咖啡豆以其乌梅调性、带劲的酸味为特色，特别是波旁突变种 SL28、SL34。肯尼亚具有良好的咖啡树生长环境，从首都到肯尼亚山区有高 1600~2100 米的火山，无论是气候还是土壤，都为高品质肯尼亚豆奠定了良好的基础。咖啡樱桃经过 2 次水洗发酵之后，风味显得干净，而且酸味更明显，奇妙的是，它醇厚又顺口，口感上既强烈饱满又圆润。肯尼亚生豆大部分都由政府单位管理行销，以颗粒大小和风味分等级。颗粒等级分为 A.A、A.B 及 P.B，等级 A.A 大小为 18 目与 17 目，等级 A.B 大小为 16 目与 15 目，等级 P.B 为圆豆；风味等级依序分为 TOP、PLUS 及 FAQ。

中浅烘焙
Moderately
Light（直火）

涩，留酸转甜
用烘焙技法去

　　北欧式烘焙最爱选它做成水果炸弹，在此我们则会刻意强调它的果糖甜味，去涩留酸转甜。我所试过数十种肯尼亚，当中的 FAQ 性价比甚高，光是生豆就散发出水果与谷物的熟甜味，未烘焙就已令人期待。

烘焙

▼
▼

QRS烘焙曲线

生豆含水量：10.8%

生豆密度：843g/L

入豆温度：214.92℃

环境温度：34.1℃

环境湿度：47.8%RH

一爆开始温度：178.65℃ / 时间：10 分 45 秒

出豆温度：188℃ / 时间：14 分 21 秒

一爆开始到出豆时间：3 分 36 秒

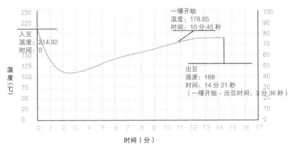

一爆开始
温度：178.65
时间：10 分 45 秒

入豆
温度：214.92
时间：0

出豆
温度：188
时间：14 分 21 秒
（一爆开始 - 出豆时间：3 分 36 秒）

温度（℃）

时间（分）

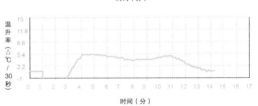

温升率（△℃/30秒）

时间（分）

萃取

▼
▼

冲泡萃取风味

前、中、后段不同酸度层次变化

　　肯尼亚 A.A 迷人之处，就是它不同凡响的浓郁酸香，例如乌梅、黑梅味，喝起来虽然酸味强劲而厚实，但口感却很圆润，尤其是经过细心烘焙之后，尾段还有水果软糖般的甜感出现，是充满惊喜的甜蜜点，一直以来都是咖啡迷爱不释手的好物。

风味雷达图

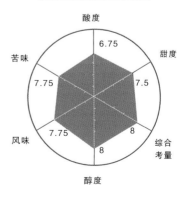

酸度 6.75
甜度 7.5
苦味 7.75
综合考量 8
醇度 8
风味 7.75

153

马拉维

艺伎　马拉维　密苏库峰

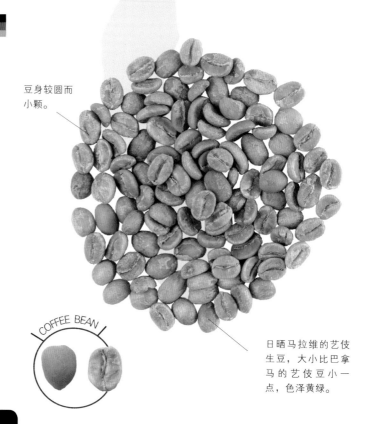

豆身较圆而小颗。

日晒马拉维的艺伎生豆，大小比巴拿马的艺伎豆小一点，色泽黄绿。

COFFEE BEAN

生豆

生豆档案

英　文　名：Malawi Misuku Geisha 1850M
品　　　种：艺伎／瑰夏
国　　　家：马拉维
产区庄园：密苏库峰
生豆处理法：日晒

火山灰土壤成就了高品质咖啡豆

深褐色的火山灰土壤中含有非常多的矿物质以及有机物质，这些来自于大自然的腐叶、残根等生物分解而来的养分，成为咖啡树的天然肥料，将咖啡樱桃培育得又大颗又饱满，滋味丰富。

马拉维属于东非精品咖啡协会（Eastern Africa Fine Coffees Association，简称 EAFCA），政局较安定，同时具有良好的咖啡树生长环境，为在这里生长的艺伎咖啡豆奠定了好的品质基础。因为人民收入不高，人工成本相对便宜，可以人工采收树种较高的艺伎咖啡樱桃，而且后制处理严谨，例如当天采收的咖啡樱桃，当天就要送到处理厂，减少时间消耗，以避免咖啡樱桃过度发酵。在风味上，它的酸没有肯尼亚咖啡豆来得明亮，但甜度和香气的表现更好，尾韵还有绵延不绝的香料味。

风味醇厚，甜感余韵不绝

154

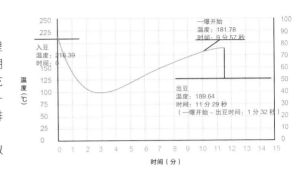

一爆开始
温度：181.78
时间：9 分 57 秒

入豆
温度：216.39
时间：0

出豆
温度：189.64
时间：11 分 29 秒
（一爆开始－出豆时间：1 分 32 秒）

时间（分）

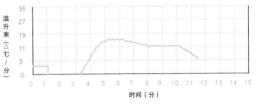

时间（分）

清雅柔和的酸质
与丰润的甜感

通过细腻手法后制处理的日晒马拉维艺伎，我们期待它能够将甜蜜感的部分充分表现出来，而酸质柔和一点、圆滑一点。烘好的咖啡豆有清爽的蜜橘香、莓果香，还有如蜜李的酸甜香气，以及淡淡的干香料味。

浅烘焙 Light
（直火）

烘焙

▼
▼

QRS烘焙曲线

生豆含水量：8.3%

生豆密度：879g/L

入豆温度：216.39℃

环境温度：30.1℃

环境湿度：61.8%RH

一爆开始温度：181.78℃ / 时间：9 分 57 秒

出豆温度：189.64℃ / 时间：11 分 29 秒

一爆开始到出豆时间：1 分 32 秒

萃取

风味雷达图

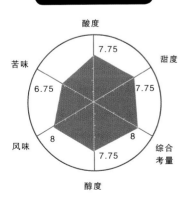

酸度
7.75

苦味
6.75

甜度
7.75

风味
8

综合考量
8

醇度
7.75

冲泡萃取风味

甜蜜感十足的马拉维艺伎

一般来说艺伎（瑰夏）一入口便爆出花香，柑橘调的香气，苦韵和咸味低，甜感能不断地和酸质争逞，特色是风味的干净度极佳，果实感浓郁且后韵绵长，味道层层叠叠，持续涌出。热杯的马拉维艺伎，喝起来是柔柔的微酸，像是有点明亮的橘子酸，或是稍微的蜜李酸，但很快地，莓果和蜂蜜的甜感就涌上喉韵，甜蜜得让人惊艳。此款艺伎有着艺伎豆种典型的干净度，透亮的酸质与绵长甜感争持的个性，富有马拉维产区的醇厚度与油脂感。

▼
▼

155

中南美洲产区

巴拿马、危地马拉、哥斯达黎加、
尼加拉瓜、萨尔瓦多、巴西

巴拿马 ★

巴拿马
翡翠庄园

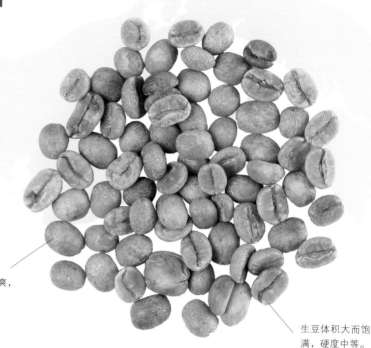

浅发酵味，清爽，
色泽带青黄。

生豆体积大而饱
满，硬度中等。

生豆

▼
▼

生豆档案

英 文 名：Panama La Esmeralda
　　　　　Geisha
品　　种：艺伎 / 瑰夏
国　　家：巴拿马
产区庄园：波奎特 翡翠庄园
生豆处理法：水洗

COFFEE BEAN

3次刷新拍卖纪录的珍贵咖啡豆

　　翡翠庄园（La Esmeralda）位于巴拿马精品豆产区波奎特，是巴拿马生产精品咖啡的著名产区，所栽植的咖啡树品种以铁比卡（Typica）、波旁（Bourbon）、卡杜艾（Catuai）、艺伎（Geisha）为主。翡翠庄园不但生产精品咖啡，对于种植环境的永续经营，也是竭尽心力，曾经获得雨林联盟（Rainforest Alliance）数次杯测冠军。

　　好的咖啡产区得到永续经营的照顾，使得这里几乎每一年生产的咖啡豆都获得极高的杯测评价，还曾经分别获得美国精品咖啡协会（SCAA）杯测冠军以及亚军。

158

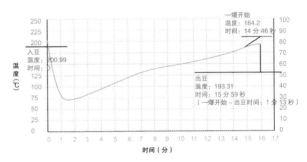

风味干净、雅致、韵味绵长

经过细腻处理的优质咖啡豆，具有风味明确、干净、雅致的特色，它的香气不会强势地灌入鼻息，而是吸引你的嗅觉持续地去探索它。这款翡翠庄园就像装扮雅致的淑女，散发着淡淡的花香气，引人忍不住好奇探索，紧接着释出的蜂蜜甜香、柑橘酸香，则如同淑女的浅笑，恰如其分地释出温柔而美好的氛围。

浅中烘焙
Light Medium（直火）

烘焙

QRS烘焙曲线

生豆含水量：10.5%

生豆密度：830g/L

入豆温度：200.99℃

环境温度：31.5℃

环境湿度：48.6%RH

一爆开始温度：184.2℃ / 时间：14 分 46 秒

出豆温度：193.31℃ / 时间：15 分 59 秒

一爆开始到出豆时间：1 分 13 秒

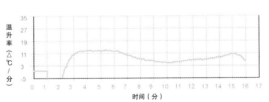

萃取

风味雷达图

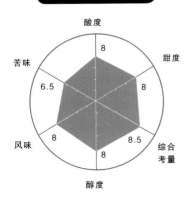

酸度 8
甜度 8
综合考量 8.5
醇度 8
风味 8
苦味 6.5

带着清爽花香的果汁

冲泡萃取风味

在果汁的酸甜里添入清爽的花香，适度平衡味觉的冲击，是饮用上的一大享受，而这款翡翠庄园做到了，它还做到了莓果、柑橘的酸是细致的，就连尾韵的樱桃甜酸，也是随着时间慢慢释出，余韵绵长，干净度极佳，平衡而饱满。

巴拿马 ★

生豆大小硬度适中，含
水量一致，蜜处理豆表
褐红，内翠透绿。

COFFEE BEAN

巴拿马
山脉庄园 蜜处理

生
豆

生豆档案

英 文 名：Panama Boquete Kotowa
品　　种：卡杜拉
国　　家：巴拿马
产区庄园：波奎特 山脉庄园
生豆处理法：蜜处理

历程 丰富而沉稳的味觉

巴拿马巴鲁火山山脉庄园
有着与生俱来的好风土条件，它
不但有火山黑土蕴含的丰富矿物
质养分，喂养出饱满又风味层次
丰富的咖啡樱桃，还有位于海拔
1700 米的凉爽环境，排水系统
良好；加上两大洋的环流交汇，
给予丰富且干湿分明的雨量，这
些要素都成就了这款得天独厚的
优秀咖啡豆。

山脉庄园细致的咖啡豆后制处理

山脉庄园即是巴拿马科托瓦庄园（Kotowa），Kotowa是印第安人母语，意思是"山"。
这个庄园所生产的咖啡豆被公认为精品级的庄园咖啡。目前由第四代 Ricardo
Koyner 经营。采收咖啡樱桃的过程相当费工，是以人工采集的方式，只挑选紫色熟透
的咖啡樱桃，水洗过程则使用当地天然无污染的水，并且将使用过的水和除下来的果
肉加工制成有机肥料。水洗后的咖啡生豆先自然干燥，再放入恒温 45℃的仓库存放两
个月，使其含水量一致、风味稳定。巴拿马咖啡豆的豆性酸甜柔和带有花香，风味细
致多变化，甜度适中，如温带水果。

来自山脉庄园的卡杜拉蜜处理咖啡豆，经过烘焙之后，将其中明显的蜂蜜、杏桃、榛果甜度释放了出来。仔细闻其干香，还能惊喜地发现浓郁的巧克力和蔗糖韵味。

散发着甜香和巧克力浓韵

烘焙

▼
▼

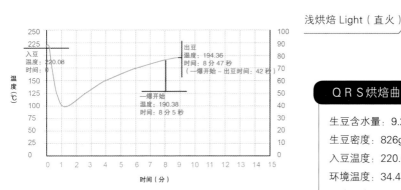

浅烘焙 Light（直火）

入豆
温度：220.08
时间：0

出豆
温度：194.36
时间：8 分 47 秒
（一爆开始 – 出豆时间：42 秒）

一爆开始
温度：190.38
时间：8 分 5 秒

温度（℃）

时间（分）

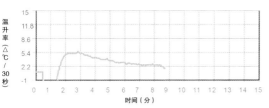

温升率（△℃ / 30 秒）

时间（分）

QRS烘焙曲线

生豆含水量：9.2%

生豆密度：826g/L

入豆温度：220.08℃

环境温度：34.4℃

环境湿度：55%RH

一爆开始温度：190.38℃ / 时间：8 分 5 秒

出豆温度：194.36℃ / 时间：8 分 47 秒

一爆开始到出豆时间：42 秒

萃取

▼
▼

风味雷达图

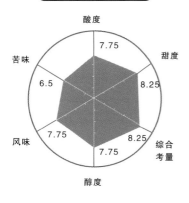

酸度 7.75
甜度 8.25
综合考量 8.25
醇度 7.75
风味 7.75
苦味 6.5

冲煮好的咖啡，入口啜饮就有轻轻的酸度，摇醒味觉又不会太过刺激，经蜜处理的后发酵制程，造成的甜感较为柔和细致多层次，酸质温和含蓄，风味释放绵密而有层次，仿佛当初泌入咖啡豆中的樱桃果肉、果浆精华又逐渐释出。随后香瓜、杏桃、甜桃、青苹果等温带水果香窜出，丰富得令人应接不暇，还来不及细细回味，属于核果、果干、黑巧克力、黑枣、麦芽的核果调甜感已经攻占味蕾，每一层口感都非常细致平衡。

冲泡萃取风味

丰富而细致的风味层次

巴拿马

巴拿马
唐佩佩庄园瑰夏

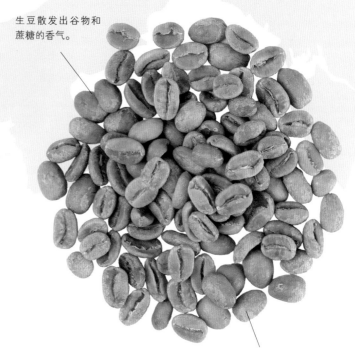

生豆散发出谷物和蔗糖的香气。

含水量高的水洗瑰夏，硬度很高，颗粒饱满而硕长。

生
豆

▼
▼

生豆档案

英 文 名：Panama Boqutete Finca Don Pepe Geisha

品　　　种：艺伎／瑰夏

国　　　家：巴拿马

产区庄园：波奎特 唐佩佩庄园

生豆处理法：水洗

COFFEE BEAN

咖啡竞赛的常胜军

　　这款来自巴拿马唐佩佩庄园的瑰夏，属于珍贵的艺伎品种，在广达 80 公顷的庄园中，仅有 6 公顷种植，而且唐佩佩庄园是巴拿马在咖啡竞赛中的常胜军，由此可见这款咖啡豆在市场上多么抢手。

　　这款咖啡豆品质很高，不仅瑕疵率低，而且水洗后发酵技术高，能完全带出这款咖啡豆的天生娇贵，是几近无杂质的纯净好风味。

162

生豆硬度较高、耐烘焙，作为中焙或深焙都各有不同风味，而在这里，烘豆师采取入豆温高的方式做浅焙，第一时间带出咖啡豆内蕴藏的酸甜，随后以慢火修出柔软的温带水果香气、酸质以及甜度。烘好的豆子会有一股清雅的花香。

以高温入豆慢慢
琢磨出柔润的温
带水果调性

浅烘焙 Light
（直火）

烘焙
▼
▼

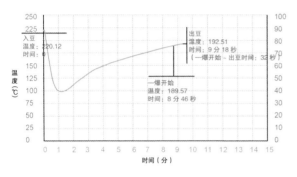

QRS烘焙曲线

生豆含水量：11.1%

生豆密度：837g/L

入豆温度：220.12℃

环境温度：25.5℃

环境湿度：57.2%RH

一爆开始温度：189.57℃ / 时间：8 分 46 秒

出豆温度：192.51℃ / 时间：9 分 18 秒

一爆开始到出豆时间：32 秒

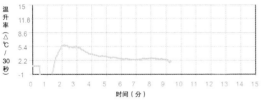

冲泡萃取风味

萃取
▼
▼

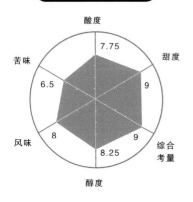

风味雷达图

煮好的巴拿马瑰夏，热杯时花香轻逸，还有淡淡甜香，适温则酸甜雅致，冷杯后甜感布满舌面，味谱层次分明，后韵绵长。瑰夏咖啡没有特别惊人的特殊风味，却幽静芬芳，满室馨香。以茶来比较的话，润嘴的花茶，润喉生津；而这瑰夏后韵绵长，涌唾生津，就是等级最高的咖啡了。杯测上最挑剔的两个项目是干净度与后韵，而这款瑰夏就是能展现毫无缺陷的完美，让你体会一杯好咖啡由热到凉的风味演绎。

气味高雅、风格干净，且余韵不绝

巴拿马 ★

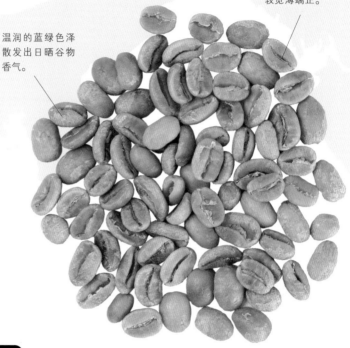

含水量低的日晒卡杜艾豆，硬度高，豆形较宽薄端正。

温润的蓝绿色泽散发出日晒谷物香气。

巴拿马
凯撒路易斯

生
豆
—
▼
▼

生豆档案

英　文　名：Panama Boquete Casa Ruiz Cutuay
品　　　种：卡杜艾
国　　　家：巴拿马
产 区 庄 园：波奎特
合　作　社：凯撒路易斯（Casa Ruiz S.A.）合作社
生豆处理法：日晒

COFFEE BEAN

品质严格把关的咖啡生豆

　　淡雅的茉莉花香，是这款凯撒路易斯的标记。具有百年历史的凯撒路易斯合作社，集结了来自于附近的 300 家小农、庄园的咖啡豆作品，从咖啡豆栽植、采收到后制，一整个系统严谨把关，因此所生产的咖啡豆品质极好。

　　另一个使这款咖啡豆胜出的特色，便是咖啡树为卡杜艾，且持续遵循传统方式种植，完整地保留了咖啡豆最初层次分明的好风味。

极浅烘焙 Very Light（直火）

释放发酵后的甜柑橘酒香

这款品质极好的咖啡豆，经过日晒处理后，将其内蕴的柑橘甜味转换成浓郁的柑橘酒香气味，只需要浅焙琢磨，就能释放出醉人的酒韵。若是烘得再深一点，则会出现蔗糖韵和巧克力风味，韵尾绵长细腻。

烘焙 ▼ ▼

QRS烘焙曲线

生豆含水量：9.3%
生豆密度：853g/L
入豆温度：197.09℃
环境温度：27.4℃
环境湿度：51.1%RH
一爆开始温度：190.01℃ / 时间：9 分 48 秒
出豆温度：192.77℃ / 时间：11 分 1 秒
一爆开始到出豆时间：1 分 13 秒

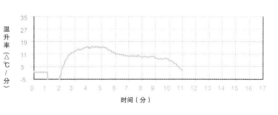

入豆温度：197.09
时间：0

出豆温度：192.77
时间：11 分 1 秒
（一爆开始~出豆时间：1 分 13 秒）

一爆开始
温度：190.01
时间：9 分 48 秒

萃取 ▼ ▼

风味雷达图

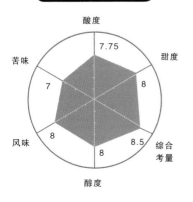

酸度 7.75
甜度 8
综合考量 8.5
醇度 8
风味 8
苦味 7

冲泡萃取风味

天然水果甜酒香味

入口时迎接口鼻的是发酵酒香，而翻转在舌尖的是柑橘酸，随后以甜感平衡。柑橘调的气息能够舒畅身心，而浓郁的甜感则带来味觉享受。感受发酵后的天然水果酒味，如同将品咖啡的感官放在高脚杯里，轻轻晃动着，是无比的享受。

危地马拉

豆形较巴拿马和哥斯达黎加小，椭圆而小颗粒。

艺伎 草香

危地马拉 新格兰达庄园

生 豆

▼
▼

色泽油绿，有 P.B 圆豆在内。

生豆档案

英 文 名：Guatemala borned Geisha
品 种：艺伎／瑰夏
国 家：危地马拉
产 区 庄 园：圣马可 新格兰达庄园
生豆处理法：水洗

COFFEE BEAN

　　这款来自危地马拉的艺伎，它的特色是具有柔和的草香气息和渐进的太妃糖甜感，后韵强。我们以前喝的艺伎大多是巴拿马、哥斯达黎加的艺伎，多以柑橘味取胜，而这一款是草香味，所以十分特别。

　　艺伎的品种很多，原生种是在非洲。这款是危地马拉的艺伎。现在全世界各地都有艺伎，但并非都是同一品系的艺伎，而即使是同一棵艺伎，种在不同的国家、不同的地区、不同的庄园，它仍然会产生不同的地域风味，即使它们在品种溯源上都是叫"艺伎"。

　　果实感架构很完整，后韵很强，味道很干净。从干香到湿香味都很浓烈。草香前味逐渐转入水果酸甜调性，尾段出现太妃糖般的绵密奶油甜感。

具有柔和草本的前段香气

166

浅焙出细微的风味变化

烘焙时便是要将这款带有草香的艺伎特色凸显出来，所以采取浅焙的方式。

如此也可以使草香特色清楚，后续展开花香与果酸甜，风味层次分明，将这款咖啡豆最耐人寻味的每一个层面，渐次铺开在饮者的嗅觉与味觉之间。

烘焙

▼
▼

浅烘焙 Light
（直火）

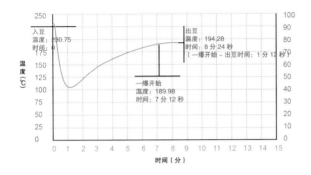

入豆
温度：230.75
时间：0

出豆
温度：194.28
时间：8 分 24 秒
（一爆开始 - 出豆时间：1 分 12 秒）

一爆开始
温度：189.98
时间：7 分 12 秒

温度（℃） / 时间（分）

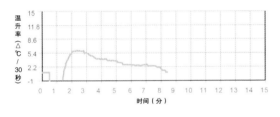

温升率（△℃ / 30 秒） / 时间（分）

QRS烘焙曲线

生豆含水量：8.6%

生豆密度：830g/L

入豆温度：230.75℃

环境温度：33.1℃

环境湿度：33.8%RH

一爆开始温度：189.98℃ / 时间：7 分 12 秒

出豆温度：194.28℃ / 时间：8 分 24 秒

一爆开始到出豆时间：1 分 12 秒

萃取

▼
▼

风味雷达图

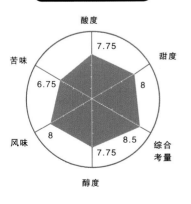

酸度 7.75
甜度 8
综合考量 8.5
醇度 7.75
风味 8
苦味 6.75

冲泡萃取风味

从草香出发，以糖果绵密甜感结尾

品尝这款艺伎的时候，建议第一口先关注它的草香，因为这是它的风味特色。接下来，可以慢慢感受到逐渐释出的水果香和花香，接着品味它酸甜的争持变化，随着杯中温度略降，酸质似乎覆盖过甜感，最终却又是果糖甜胜出，铺满舌面作结。随着温度展开层次变化，每一口带出的甜感和酸质愈发清晰明亮，坚稳地重新弥漫、占据口鼻，丰富细腻却又有所转折。

后韵很长，甜感像极了太妃奶油糖的油润滑顺。

危地马拉

危地马拉
番石榴平原庄园 酒香

日晒的波旁生豆具有浓郁的酒香气，色泽偏黄绿。

生豆 ▼▼

生豆档案

英 文 名：Guatemala New Oriente Plan del Guayabo SL28
品　　种：波旁原生种
国　　家：危地马拉
产区庄园：新东方 番石榴平原庄园
生豆处理法：日晒酒香处理

COFFEE BEAN

沉稳的气质 草本韵与酒香

　　番石榴平原庄园（Plan del Guayabo）坐落在危地马拉高地上，Volcán de Suchitán 苏契坦火山旁，在这里，波旁品种咖啡树得享肥沃的火山土壤养分，且有丰富的雨量灌溉，以及良好的排水环境，所生产的咖啡豆品质优异。

　　庄园主从种植咖啡豆到采收，都经过慎重的研究与选择，以生产及后制出精品级咖啡豆为目标，因此处理好的咖啡豆风味干净细腻，生豆带有天然草本植物香气，以及柑橘类的酸香风味，经过日晒发酵处理后，酒香味浓郁，散发如热带水果酒的香甜感。

168

完美的交会点
草本和酒香韵

经过日晒发酵处理后的咖啡豆，在细细地烘焙之后，自然将其生豆发酵气味转出酒香，弥漫在空气中，而令人惊喜的是，酒香还伴随着丰富的草本和木本质调，使得咖啡干香气出现草本和酒香韵，凸显略为冲突却又互相平衡的沉稳气质。

烘焙
▼
▼

浅烘焙 Light
（直火）

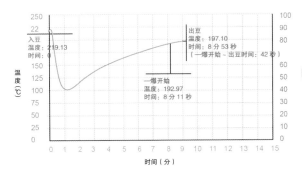

QRS烘焙曲线

生豆含水量：9.8%

生豆密度：798g/L

入豆温度：219.13℃

环境温度：35℃

环境湿度：59%RH

一爆开始温度：192.97℃ / 时间：8分11秒

出豆温度：197.10℃ / 时间：8分53秒

一爆开始到出豆时间：42秒

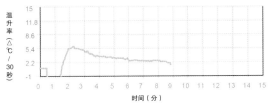

萃取
▼
▼

冲泡萃取风味

在梅李酸甜风韵中
寻味莓果酒香

入口感受到砂糖般的甜感，是波旁品种的风味特色，热杯时有一股百香果的热带水果滋味，还袭入一抹甜淡花香，啜饮时有草本调性，而伴随一同展开的，是有如梅李杏梨等温带水果般的酸香甜，性平而醇厚沉稳。水果酒香则在中温至尾段时逐渐浮现，后段转出坚果与黑巧克力苦韵。

冷杯后热带水果酒香如一片湛蓝的海洋浮现鼻前，请由嗅觉带领你进入另一番沉醉，领略咖啡喝干后壶底的干香、花香、焦糖、奶香以及威士忌酒气萦绕不去的曼妙风味。

风味雷达图

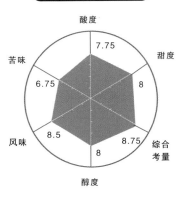

危地马拉 🔖

S·H·B 圆豆
危地马拉 安堤瓜

瑕疵率低，
风味纯净。

生豆是经过挑
选的圆豆，硬
度高。

生豆

生豆档案

英 文 名：	Guatemala Antigua La Minita S.H.B P.B
品　　种：	卡杜拉、卡杜艾、波旁
国　　家：	危地马拉
产区庄园：	安堤瓜
公　　司：	拉米妮塔出品
生豆处理法：	水洗

COFFEE BEAN

危地马拉为全球第九大咖啡生产国。位居亚热带气候的中美洲地峡，生产优质高海拔的 S.H.B 极硬豆，各产区品种都拥有上等的果香酸味。安堤瓜为危地马拉七大产区中最有名的产区，风味独具一格。这个区域共有三座火山包围，肥沃的火山灰土壤正是这款花神豆的养分来源，且海拔高、气候凉爽，都有利于产出优质的咖啡樱桃。

安堤瓜产区的花神，生豆品质稳定，颗粒饱满，有一股美好的花香气，气质优雅，甜香味十足。花神圆豆经过手工挑选，去芜存菁，将瑕疵率降到最低，使原本风味极好的花神豆如虎添翼，成为危地马拉经典咖啡豆。

中度烘焙 Medium（直火）

瑕疵率低，花香气十足的花神圆豆

花神圆豆最特别的是，它的生豆有一股清新的花香，即使经过烘焙之后，这股花香仍会以不同姿态萦绕在空气之中；而经过烘烤之后的生豆，既有清楚的核果、坚果香气及甜味，还有一点焦糖的香味，使得磨好的咖啡豆在花的馨香中，因甜味而亮了起来。此豆内蕴丰富，进入浅中焙之后层次变化丰富，随着温度降低逐次改变口感，由可可核果调性转出果酸特质，尾段又以花香结尾，喝惯庄园豆的人，请先尝试这款精品入门豆。

想要推荐朋友尝试单品黑咖啡的老饕，这款豆是不错的选择，可以体验咖啡的醇厚度与焦糖甜感，还有轮番上场演示的风味变化，这款咖啡是不用加糖，杯底就有自然甜。

在盈满花香的空气中，让核果与蔗糖的香甜味亮起来

烘焙 ▼ ▼

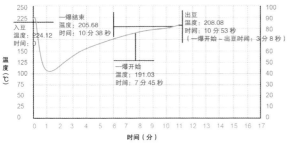

QRS烘焙曲线

生豆含水量：11.3%

生豆密度：856g/L

入豆温度：224.12℃

环境温度：34.7℃

环境湿度：56%RH

一爆开始温度：191.03℃／时间：7 分 45 秒

出豆温度：208.08℃／时间：10 分 53 秒

一爆开始到出豆时间：3 分 8 秒

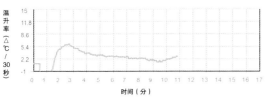

萃取 ▼ ▼

风味雷达图

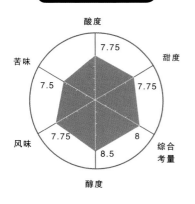

这款著名的危地马拉极硬豆，内涵丰富，酸甜度饱满，适合全领域的焙度，从极浅焙到重焙都受人欢迎，具有优雅的花香主体风味，果酸与果糖甜感互相包裹。酸质明亮清澈，口感干净，甜度透明。冲煮完成的中焙花神圆豆，空气中盈满着花香气，气韵雅致不俗，还带着一点花的甜味，或是蔗糖香气。入口之后，明亮的酸味唤醒味觉，而圆滑柔顺的甜感随后平衡了酸，最后以巧克力香甜为余韵，划下完美句点。

冲泡萃取风味

花香萦绕着滑顺的酸味甜感

171

危地马拉 🏳️

危地马拉
卡若思

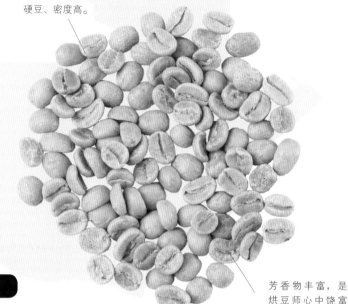

生豆是中等以上
硬豆、密度高。

芳香物丰富，是
烘豆师心中饶富
创作潜力的一款
豆子。

生 豆

生豆档案

英 文 名：Guatemala New Oriente
Carlos

品 种：波旁原生种
国 家：危地马拉
产区庄园：新东方 卡若思庄园
生豆处理法：水洗

COFFEE BEAN

中焙饮者最爱的咖啡豆

这款咖啡豆是危地马拉阿拉比卡波旁原生种的豆子，种植于火山地区。它的特色是果香酸和甜度都很好，具有中焙饮者最喜爱的蔗糖甜和巧克力味。

夏日制作冰咖啡，通常我们会选择中焙或重焙豆来制作，因为可取其焦糖甜。而要做成中焙或重焙的豆子，本质要够硬，且经烘焙之后，能释出焦糖甜味。卡若思便是适合做成冰咖啡的一款豆子，它的甜度极好。

中度烘焙
Medium（直火）

172

焦糖甜感明确，带着浓郁的核果香

建议把这款卡若思烘到中度，是烘豆师研究生豆以及经过数次测试之后，发现这个焙度可以使它的焦糖甜与核果坚果味强烈地表现出来。此外，经过中焙之后，这款豆子已经释出了些许苦味，而能展现出完美的酸甜苦咸四味平衡。从烘焙曲线上可以看出，在烘焙这款豆子时，烘豆师有追求焦糖甜感，从一爆到结束，花了 1 分 52 秒，意思就是他有考虑到做冰咖啡的需求，所以一爆以后的将近 2 分钟等待，是为了使这款咖啡的焦糖甜更清楚一点。这一段是烘豆师可以去做微调的，例如把酸磨掉多一点，焦糖香多一点；把温度拉高，让焦苦味再多一点；把它在前段的时间再缩短一点，让咸味再少一点。

烘焙 ▼▼

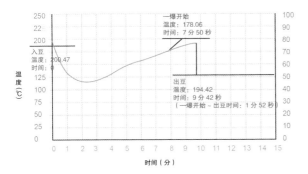

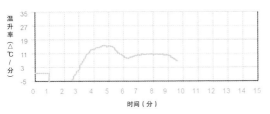

QRS烘焙曲线

生豆含水量：11.6%
生豆密度：798g/L
入豆温度：200.47℃
环境温度：30.9℃
环境湿度：55%RH
一爆开始温度：178.06℃ / 时间：7 分 50 秒
出豆温度：194.42℃ / 时间：9 分 42 秒
一爆开始到出豆时间：1 分 52 秒

萃取 ▼▼

冲泡萃取风味

浅焙和中焙各展现不同风味

浅焙的卡若思闻起来有茉莉花香，热时喝会有酸甘甜的滋味。中焙的卡若思，酸味消失，取而代之的是杯底讨喜的巧克力味和焦糖味，回韵则沁入深沉复杂的香料味，是夏日制作冰咖啡很受欢迎的一款豆子。

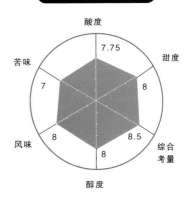
风味雷达图

危地马拉

神秘湖 危地马拉

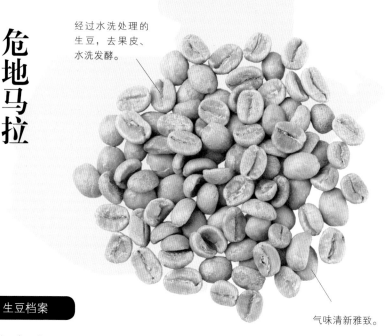

经过水洗处理的
生豆，去果皮、
水洗发酵。

气味清新雅致。

生

豆

▼
▼

生豆档案

英 文 名：Guatemala Atitlan Chacaya

品　　　种：卡杜拉
国　　　家：危地马拉
产 区 庄 园：神秘湖庄园
生豆处理法：水洗

COFFEE BEAN

多层次的酸甜感 细致的蜂蜜味带着

　　神秘湖庄园坐落在危地马拉西部最高的高原，具有培育咖啡树的气候和环境优势，因此种植出的咖啡豆品质和风味极好，再加上具有百年历史的庄园后制水洗处理技术，使得这款咖啡豆表现绝佳。庄园的主力品种除了卡杜拉之外，还有卡杜艾，更曾以混豆配方参赛，获得评鉴冠军。

> **关于神秘湖**
> 神秘湖是阿堤兰湖（Atitland Lake）的另一个别称，它究竟有多神秘呢？据说从 1970 年至今，它的湖水水位已经下降了 5 米。这个因为火山运动造成淤积的湖泊，坐落于 1550 米的高原上，没有对外支流，湖水非常清澈，终年云雾围绕，美不胜收，有"世界最美的湖泊"之称。

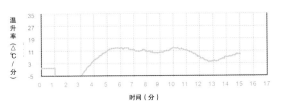

一爆开始
温度: 179.34
时间: 10 分 39 秒

入豆
温度: 201.39
时间: 0

出豆
温度: 210.26
时间: 15 分 4 秒
(一爆开始～出豆时间: 4 分 25 秒)

温度 (℃)

时间 (分)

温升率 (△℃ / 分)

时间 (分)

QRS烘焙曲线

生豆含水量: 12.6%

生豆密度: 782g/L

入豆温度: 201.39℃

环境温度: 26.2℃

环境湿度: 57.2%RH

一爆开始温度: 179.34℃ / 时间: 10 分 39 秒

出豆温度: 210.26℃ / 时间: 15 分 4 秒

一爆开始到出豆时间: 4 分 25 秒

烘焙

▼

中深度烘焙
Moderately
Dark (直火)

中深度烘焙 带点醇厚感的

这款神秘湖卡杜拉咖啡豆的特色是风味清雅秀致、香气具足。经过去皮、水洗之后，呈现明亮的风味，而后发酵则赋予这款豆子高辨识度。

使用中深焙的方式，使其清雅的水果酸香跳脱出来，还带一点淡雅的蜂蜜气味、细致的甜度，使这款豆子给人的感官享受，如徜徉星野般地舒畅宜人，后继再深入烘焙成中深焙度，发展出醇厚油脂。

萃取

▼

▼

强烈香气与细致 口感极致混搭

冲泡萃取风味

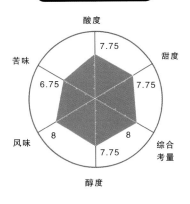

风味雷达图

酸度 7.75

甜度 7.75

苦味 6.75

风味 8

综合考量 8

醇度 7.75

刚煮好的咖啡有一股强烈的香气，抢走嗅觉的注意力，其中还带着一点微微酸香，引人进入水果的世界。初尝酸中带甜，如同吃青苹果一般的味道，唤醒饮者的味觉，尔后转变成滑润的芒果香甜，既甜美又柔和，还有一点漫步在草原的香气，细细品味，层层风味皆有不同。进入深焙的神秘湖木质感、体脂感强烈，中温之后喝起来酸度适中，甜感也刚刚好补足，温润顺口，显出卡杜拉豆种的典型醇厚。最后回韵到鼻腔的后韵气息，则是来自于咖啡果实发酵的绝佳风味。

危地马拉

花神 平豆

危地马拉 拉米妮塔

水洗的花神豆瑕疵率极低。

COFFEE BEAN

豆色翠绿，香鲜沁人，色泽、大小均一。

生豆

▼
▼

生豆档案

英 文 名：Guatemala La Minita La Folie

品　　种：卡杜拉、卡杜艾、波旁
国　　家：危地马拉
产区庄园：安堤瓜
公　　司：拉米妮塔（La Minita）出品
生豆处理法：水洗

危地马拉高品质咖啡豆的秘密

危地马拉从1838年开始引进咖啡种植，由于位居中美洲，有许多火山挤压的高原或高山，非常适合栽植咖啡豆，因此咖啡豆的品质很高，硬度好、量也大，是世界上第九大咖啡生产国。在它的七大产区中，安堤瓜是最著名的产区，其高品质的阿拉比卡咖啡品种，受到亚热带气候雨量的定时供给，以及火山灰土壤的养分喂养，呈现出果香浓郁、酸味明亮、口感滑顺的风味。

以花香调为基础，呈现平滑柔顺的酸感

　　同为危地马拉安堤瓜生产的花神，平豆和圆豆同样都是主体花香调、有明亮的酸性以及蔗糖或巧克力尾韵收尾的风味，差异在于平豆的整体风味较淡雅，没有圆豆来得酸质强烈、风味浓郁，别有一番雅致沉稳的气质。拉米妮塔（La Minita）是咖啡豆商集团，来自哥斯达黎加，他们从咖啡树的栽植到生豆的后制处理，都以最高标准进行，他们研究、协助或直接介入咖啡农提升品质，种出品质极高的咖啡豆，借此充分掌握生豆的品管。

　　花神是拉米妮塔在危地马拉监督生产之下的招牌商品。

176

深 度 烘 焙
Dark（直火）

烘
焙

▼
▼

升的蔗糖甜 在花香水果里跳

花神独有的花香调需要浅焙阶段细细处理，才能保留其淡雅的花香，以及释出美好的果酸味。烘好的豆子有着极细腻雅致的花香、果酸香，而仔细以嗅觉感受，可以发现浓郁的蔗糖香跳升，果糖甜圆滑地融入清澈的干净度。烘焙度愈进入重焙区段，愈能发展出深沉复杂的香料混合焦糖香的坚果调性，尾段仍会突然跳出花香。

Q R S 烘焙曲线

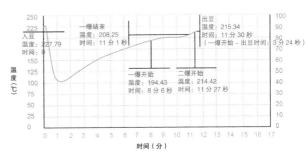

生豆含水量：11.6%

生豆密度：820g/L

入豆温度：227.79℃

环境温度：34.8℃

环境湿度：48%RH

一爆开始温度：194.43℃ / 时间：8 分 6 秒

出豆温度：215.34℃ / 时间：11 分 30 秒

一爆开始到出豆时间：3 分 24 秒

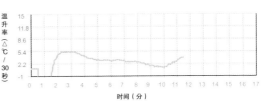

风味雷达图

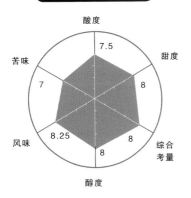

冲泡萃取风味

萃
取

▼
▼

口感极致混搭 强烈香气与细致

花神平豆喝起来，甜感和酸质的冲击感没有圆豆那么强烈集中，味谱较为匀散，比较柔和顺口，而同样清澈的干净度里散发着花香，香料气息也较为恬淡清新，喝的时候可以品尝到细腻的明亮果酸变化，而尾韵同样有巧克力味和蔗糖甜，冷杯后残留在杯底的焦糖香气混合着核果味，将品咖啡的思绪带入绵长而沉稳的氛围里。

危地马拉

天意庄园 危地马拉

COFFEE BEAN

生豆混有卡杜拉、波旁两种，色泽偏淡黄。带有打磨的银皮粉末，生谷味浓。

生 豆
▼
▼

生豆档案

英 文 名：Guatemala Huehuetenango Finca
　　　　　La Providencia
品　　种：卡杜拉、波旁
国　　家：危地马拉
产 区 庄 园：薇薇特南果 天意庄园
生豆处理法：水洗

来自于危地马拉薇薇特南果产区的高海拔咖啡豆风味

薇薇特南果（Huehuetenango）产区所生产的咖啡豆和安堤瓜等其他产区最大的不同，就是土质差异。安堤瓜产区是火山灰土壤，而薇薇特南果产区则是石灰质土壤，而且这里的地形也高过于安堤瓜产区，高达 2000 米，在如此风霜寒冷中生长的咖啡豆，能慢慢酝酿出层次丰富的咖啡风味，这些风味就在一颗小小的极硬咖啡豆里。

浓郁而干净　酸质沉、风味

　　天意庄园（Finca La Providencia）位于薇薇特南果产区，是对于生豆品质要求极高的生豆商，为所生产的咖啡豆严谨把关，每一年每一批次几乎都能维持同样的品质水准，曾获得 2008 年 C.O.E 卓越杯竞赛第 4 名、2012 年卓越佳杯竞赛第 2 名，也因此成为精品级咖啡豆的信赖品牌之一。

　　这款咖啡豆的核果香气很明显，喝的时候焦糖甜感十足，风味质地干净。

深度烘焙 Dark（直火）

此产区极硬豆密度扎实、内容丰富、极耐烘焙，赋予丰富变化的层次感，彰显它由热到凉的品饮过程，能表现出浅焙到重焙的全段风味。烘好的咖啡豆有浓郁的核果香气，例如坚果味、核果味，以及浓稠焦糖韵味的甜香，而这一切都点缀着淡雅的夜间花香气，平衡了各种沉稳浓郁的气味，达成自然完美的嗅觉体验。

展现浅焙到重焙的全段风味

烘焙 ————▼▼

QRS烘焙曲线

生豆含水量：10.7%

生豆密度：789g/L

入豆温度：220.72℃

环境温度：33℃

环境湿度：58%RH

一爆开始温度：193.34℃ / 时间：7 分 44 秒

出豆温度：212.86℃ / 时间：10 分 38 秒

一爆开始到出豆时间：2 分 54 秒

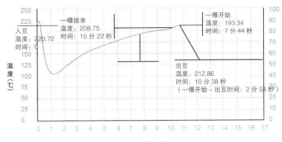

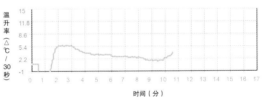

风味雷达图

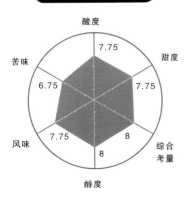

酸度 7.75
甜度 7.75
综合考量 8
醇度 8
风味 7.75
苦味 6.75

冲煮好的咖啡可以闻到浓郁的酸香味，像是黑莓或是李子这种调性比较沉的果酸味，也可以喝到明确的酸质，还伴有烤地瓜焦糖香、黑糖质感，或是烤榛果的核果香甜滋味，层层风味浓郁丰厚，但清新干净，杯中滋味丰富，回味无穷。

浓郁的酸香与丰厚的甜感

萃取 ————▼▼

危地马拉

危地马拉
柠檬娜庄园

生豆混有卡杜拉、波旁，中上硬度，略有色差，瑕疵率低。

生 豆 ▼ ▼

生豆档案

英 文 名：Guatemala Huehuetenango Finca Limonar
品　　种：卡杜拉、波旁
国　　家：危地马拉
产区庄园：薇薇特南果 柠檬娜庄园
生豆处理法：水洗

COFFEE BEAN

水果的甜蜜滋味　盈满花香和温带

　　这款咖啡豆呈现的是花香气与温带水果调性，非常受欢迎。杯测风味是花香、清爽水蜜桃、荔枝甜、苹果、蜂蜜、水梨、甜柿，醇度适中，回甘是清爽水果甜味。柠檬娜庄园的特别之处，是在于这片种植咖啡树的土地，最早期种的不是咖啡树，而是柑橘、柠檬、柳丁等这些酸质调性的水果，后来才开始种植精品咖啡，种植的方式也非常地细腻，会根据不同咖啡树种适应的地形和气候特性，将咖啡树种种在不同高度的山坡上，加上精致化的后制处理，自然使这款咖啡豆常在咖啡比赛中获胜。

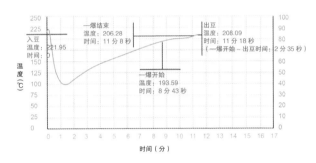

烘焙出核果的油脂香气

这款柠檬娜庄园混有波旁、卡杜拉两款豆种，杯中滋味复杂；也有着危地马拉高海拔产区的硬质豆特性，浅焙时能表现温带水果的风味，进入中深焙后展开香料与核果调性，充满榛果油脂香醇感，又能保留住果酸香，并将果糖甜感熟成为焦糖香甜。

中度烘焙
Medium（直火）

烘焙 ——
▼
▼

QRS烘焙曲线

生豆含水量：10.8%
生豆密度：812g/L
入豆温度：221.95℃
环境温度：34.7℃
环境湿度：45%RH
一爆开始温度：193.59℃ / 时间：8 分 43 秒
出豆温度：208.09℃ / 时间：11 分 18 秒
一爆开始到出豆时间：2 分 35 秒

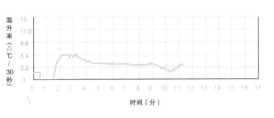

萃取 ——
▼
▼

风味雷达图

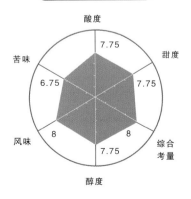

冲泡萃取风味

花香与温带水果的味觉体验

冲煮好的咖啡气味是温带水果淡雅的果香，像是苹果、水蜜桃、水梨等，伴着自然涌现的花香气味，芳香宜人。一旦品尝入口，水果酸甜在口中窜流，而花香气依然在鼻息萦绕。随着酸质渐淡，荔枝甜和甜柿甜在喉韵间升起，化为余韵不绝的甘美。烘入中焙后有核果坚果调，入口耐寻味，中温有酸甘，后韵长，甜感还够支撑住全程的层次变化。

危地马拉

危地马拉
咕咕马旦

生豆中等硬度，鲜绿，打磨得很干净，圆润饱满。有水洗豆的低瑕疵率。

生
豆
▼
▼

生豆档案

英 文 名: Guatemala Huehuentenango Cuchomatane

品 种: 波旁

国 家: 危地马拉

产区庄园: 薇薇特南果 咕咕马旦庄园

生豆处理法: 水洗

COFFEE BEAN

清雅的花香到醇厚的可可味，变化无穷

　　危地马拉曾经被认为是世界上品质最好的咖啡产地，由于它的纬度、海拔高度、气候和环境都非常适合咖啡树生长，使得这里生产的咖啡豆果实大且硬度高，蕴含丰富的风味。

　　"咕咕马旦"在当地语言里有山脉绵延不绝的意思。这里的咖啡豆还有一个特色，就是带点香料味道，这是由于种植它的土壤为火山灰，才培育出来的特色。

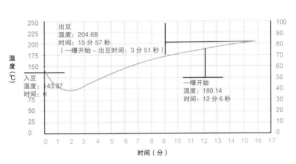

深焙 风味醇厚的

咕咕马旦生豆中等硬度，风味具足，以深焙的目标进行烘焙，能充分展现其风味层次丰富的特色。

烘好的咖啡豆具有核果香气，还带点淡淡的水果气味，十分疗愈。

深度烘焙
Dark（直火）

烘焙 ▼ ▼

QRS烘焙曲线

生豆含水量：12.6%
生豆密度：782g/L
入豆温度：143.37℃
环境温度：31.7℃
环境湿度：37.6%RH
一爆开始温度：189.14℃／时间：12 分 6 秒
出豆温度：204.68℃／时间：15 分 57 秒
一爆开始到出豆时间：3 分 51 秒

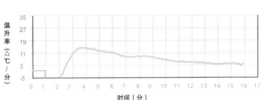

温度（℃）

出豆
温度：204.68
时间：15 分 57 秒
（一爆开始－出豆时间：3 分 51 秒）

入豆
温度：143.37
时间：0

一爆开始
温度：189.14
时间：12 分 6 秒

时间（分）

温升率（△℃／分）

时间（分）

萃取 ▼ ▼

风味雷达图

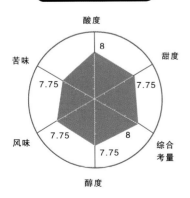

酸度 8
甜度 7.75
综合考量 8
醇度 7.75
风味 7.75
苦味 7.75

冲泡萃取风味

每一口都蕴藏着风味变化

即使烘入深焙，煮好的咖啡仍有淡雅的茉莉花香气，初尝即感受到水果酸香调，再度品尝则可在喉韵间感受到杏仁果香和可可味，最后则以水果甜韵收尾。

咕咕马旦每一口都蕴藏着风味变化，可以清雅、可以醇厚；有花果调，也有核果和可可甜，这也是它拥有广大追随者的原因。

哥斯达黎加

女神艺伎 哥斯达黎加 多塔

生豆档案

英 文 名：Costa Rica Dota El Diosa Geisha

品　　种：艺伎 / 瑰夏

国　　家：哥斯达黎加

产区庄园：多塔女神庄园

生豆处理法：日晒

浅日晒豆色淡黄、轻发酵，香气浓郁。

生豆硬度高，身尖而硕长，颗粒饱满。

生

豆

▼
▼

淡雅的茉莉花香覆盖之下，丰富而干净的多层次风味

　　多塔女神是量少且极为抢手的咖啡豆，因为它的风味非常多元、层次丰富，但又不失干净清澈。这除了归功于艺伎品种本身品质优秀之外，后制处理法的细腻和独特也是一大助攻，这个庄园所采取的"恒湿处理法"，严格控管了咖啡樱桃的发酵过程，避免风味混杂，使后制处理好的生豆能够平稳而富有层次地将其各种风味表现清楚。哥斯达黎加最知名的塔拉珠多塔（Tarrazu Dota）地区，专门以生产微批次艺伎品种著称，其所生产的艺伎咖啡，无论在咖啡树种植或是后制处理上都有独到之处。它采取的是有机农法栽种，以当地的原生林木作为咖啡树的遮阴，并且将当地肥沃的土壤混入舍弃的咖啡果肉、糖蜜进行发酵制作成有机肥，提供给咖啡树丰富的养分。

　　采收的时候，是以精密的人工采集法，将成熟的咖啡樱桃一颗一颗地手选采下来，在后制处理过程，也是严密地控管咖啡樱桃发酵的程度。如此层层把关所生产出来的多塔女神艺伎，自然是量少而价高，令咖啡迷争相追求。2015 世界咖啡师大赛中国区冠军指定用豆，就是这款多塔女神。

香气丰富多变，充满嗅觉体验

烘好的咖啡豆有一股柑橘香与花香，伴随着清新自然的水果酸香与甜香，包括小红莓、柳橙等，如置身在果园里享受着天然精油。在较为沉稳的气味部分，还有更深入的焦糖、香草、杏仁香气。同一款咖啡豆能展现如此多面的风情，层次分明，是非常珍贵的。

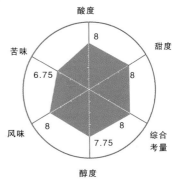

浅烘焙 Light（直火）

烘焙

QRS烘焙曲线

生豆含水量：8.4%

生豆密度：845g/L

入豆温度：221.45℃

环境温度：34.2℃

环境湿度：44%RH

一爆开始温度：191.89℃ / 时间：7 分 23 秒

出豆温度：198.73℃ / 时间：8 分 24 秒

一爆开始到出豆时间：1 分 1 秒

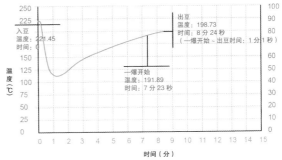

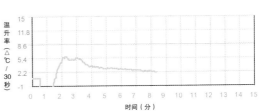

冲泡萃取风味

净度极佳的风味

在花香韵味中品尝各种干

多塔女神冲煮好后，有一股淡雅的茉莉花香气，啜饮入口之后，花香韵味也在口中久久不散，伴随而来的是蔓越莓、樱桃、佛手柑等干净的水果风味，更精彩的是，蜂蜜甜感与香气随着时间的推移慢慢浮现，在协奏曲即将进入尾声时，太妃糖奶香窜出。

女神艺伎拥有艺伎典型的品饮特色，香气浓郁，油脂感醇厚，后韵停留在口鼻的时间长，滋味丰富而干净清楚，清澈响亮的水果酸质能与甜感长久争持，最后由甜感铺满舌面作收。

在咖啡评鉴里最难得的干净度、油脂感、平衡感、一致性、香气强度等各方面都能拿到高分，是一款具有辨识度的艺伎，花香味浓烈，风味丰富干净。

萃取

风味雷达图

酸度 8

甜度 8

苦味 6.75

综合考量 8

风味 8

醇度 7.75

哥斯达黎加

日晒神花银皮保留多，色泽偏黄褐，硬度高，果实丰厚。散发出浓厚果香味。

哥斯达黎加 神花庄园

生豆档案

英 文 名：Costa Rica Tarrazu Flor De Santos Nat

品　　　种：波旁
国　　　家：哥斯达黎加
产区庄园：塔拉珠 神花庄园
生豆处理法：日晒

COFFEE BEAN

生
豆
▼
▼

水果茶和红酒韵的交会

哥斯达黎加塔拉珠神花庄园的波旁日晒，结合了神花庄园和唐梅奥处理厂两大咖啡品管严谨到出了名的品牌，风味自然值得期待。它具有丰富的水果酸香与茶韵，还有蔗糖甜韵，前段风味清新淡雅，尾端则浮现红酒调。由于生豆栽植和后制处理极细腻，因此风味干净澄澈，令人流连忘返。

神花庄园独有天然培育咖啡的优势环境，与唐梅奥处理厂合力提升咖啡生豆品质

神花庄园位于哥斯达黎加著名的咖啡产地塔拉珠（Tarrazu）最高处，这里所种植的咖啡豆品种包括波旁（Bourbon）、艺伎（Geisha）、卡杜拉（Caturra）和卡杜艾（Catuai）。这里种植咖啡树的手法细腻特别，他们会仔细研究每一种咖啡树的独特性，将它种植在适合的气候环境、地形坡度和高度上，因为即使这些条件只有些微的不同，也会造成咖啡樱桃品质的差异。唐梅奥处理厂也是出了名的严谨，他们要求每一批次的咖啡豆都需要经过杯测把关，还有一个属于自己的咖啡实验室，精益求精，致力于做出更好的、无可挑剔的咖啡豆。

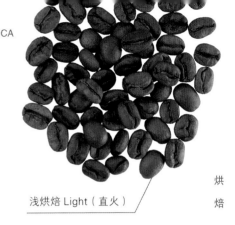

浅烘焙 Light（直火）

烘
焙

▼
▼

以浅焙烘出美妙的奶油核果香气

拿破仑喝的波旁名种，采日晒后制，为 C.O.E 卓越杯竞赛第 6 名。此批生豆价格昂贵。神花庄园这款咖啡的香气特色，除了具有哥斯达黎加咖啡豆明显的果香之外，还有浓郁的奶香气，不需要烘到中深焙，只要浅焙就能释放出这些风味特色，如此还能保留清雅的花香气，以及清新的柑橘味。

QRS烘焙曲线

生豆含水量：9.1%

生豆密度：820g/L

入豆温度：231.39℃

环境温度：26.6℃

环境湿度：47.3%RH

一爆开始温度：195.48℃／时间：9 分 27 秒

出豆温度：199.76℃／时间：10 分 8 秒

一爆开始到出豆时间：41 秒

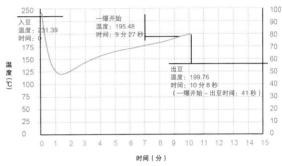

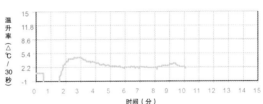

冲泡萃取风味

萃
取

▼
▼

清新的水果酸香与核果浓韵层层叠叠地交会

冲煮好的神花庄园具有丰富而多变的风味，咖啡液色泽可比红酒。具有葡萄般的酸甜感、焦糖韵，酒酿香气浓烈，果实感十足，果酸香馥郁。波旁豆种的甜感加上产区特有的明亮水果酸质、日晒后制的葡萄酒香气，使其水果调性清楚，有青苹果、莓果、覆盆子还有柠檬以及柑橘的酸度，初入口时即能尝到干净的酸香，而微微的水果茶韵使它的酸不那么刺激。随着时间推进，属于甜瓜、坚果、巧克力、奶油的甜味浮现，就连明确的蔗糖甜也迸出。

风味雷达图

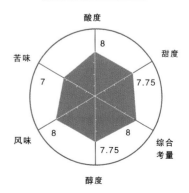

哥斯达黎加 🇨🇷

浅发酵的白蜜处理
生豆，色泽仍绿，
硬度高而新鲜。

罗玛庄园

哥斯达黎加 塔拉珠 唐梅奥处理厂

咖啡界的珍宝

生豆

▼
▼

生豆档案

英 文 名：Costa Rica Tarrazu Don Mayo
　　　　　La Loma Caturra

品　　种：卡杜拉

国　　家：哥斯达黎加

产区庄园：塔拉珠 罗玛庄园

生豆处理法：白蜜处理

COFFEE BEAN

　　此产区咖啡豆也是咖啡界竞相争取的珍宝，它有多次获得 C.O.E 卓越杯竞赛奖项的记录。这款咖啡豆生长于哥斯达黎加的八大产区之一，不但具有高海拔以及火山灰土壤的环境优势，还有来自于太平洋环流与大西洋环流的气候调节，所生产的咖啡樱桃具有明亮的酸质，而且口感柔和，尾韵还蕴藏着果香，被认为是一款气质高雅的豆子。

哥斯达黎加咖啡的蜜处理法

　　"干式处理法"又称为"蜜处理法"，这是哥斯达黎加近10年来盛行的生豆后制处理方式，有白蜜、黄蜜、红蜜以及黑蜜等不同程度的发酵法，差异是刮除咖啡樱桃果肉的程度不同，以此来区分。如此发酵后制的咖啡豆会有不同层次的酸度，甜感、酒气风味也比较厚实。有的庄园甚至用二次发酵或是葡萄酒木桶发酵的蜜处理技术来增加酒气，借此提升咖啡风味，创造出风味辨识度。

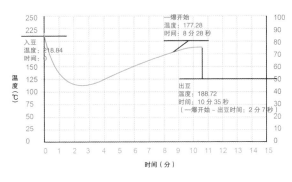

以浅焙释出强烈的水果香

　　白蜜处理的罗玛气味高雅迷人，使用直火浅焙后，红色系水果的香气迸发而出，柑橘、甜桃的香气都很浓郁。

　　除了水果香气之外，也有淡淡的花香气味和葡萄酒香气。

浅焙 Light Medium
（直火）

烘焙

Q R S烘焙曲线

生豆含水量：10.2%

生豆密度：844g/L

入豆温度：218.84℃

环境温度：33.5℃

环境湿度：55.5%RH

一爆开始温度：177.28℃ / 时间：8 分 28 秒

出豆温度：188.72℃ / 时间：10 分 35 秒

一爆开始到出豆时间：2 分 7 秒

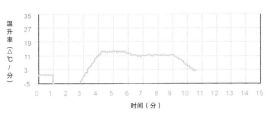

萃取

冲泡萃取风味

风味多层次、口感柔润

　　冲煮好的罗玛白蜜，有热带水果的酸甜味，吸引人啜饮。白蜜处理发酵的酒气偏向于红葡萄酒，酸质较水洗豆柔和，甜感温润，第一口即能感受到浓郁的甜柑橘味，酸质细致柔顺，尔后红糖甜、甜桃甜慢慢释放出来，浓郁的蜂蜜香气也缓缓弥漫在口中。虽然酸甜调性明亮，然而口感却很温柔，尾韵也很细致，是蜜处理的风味特质。

风味雷达图

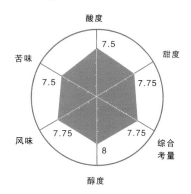

哥斯达黎加

哥斯达黎加
巴哈 威士忌酒香

生豆档案

英　文　名：The Speciality Coffee of Costa Rica Canet-Barh
品　　　种：黄卡杜艾
国　　　家：哥斯达黎加
产 区 庄 园：塔拉珠 卡内特庄园
生豆处理法：黑蜜处理

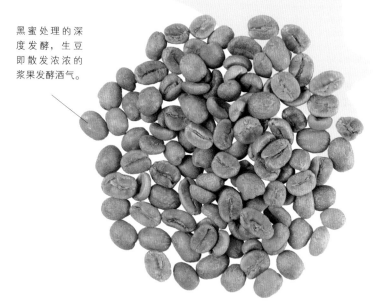

黑蜜处理的深度发酵，生豆即散发浓浓的浆果发酵酒气。

生

豆

▼
▼

黑蜜处理的浓郁酒气

巴哈种植于哥斯达黎加塔拉珠产区，这一产区属于高海拔地区，多种植水果，只有一小块特定区域栽植咖啡树，因此采取了特殊的照顾，只摘采成熟的红色咖啡樱桃果实，从采收到后制手法都相当细腻。卡内特庄园内的独特品种：黑蜜处理黄卡杜艾命名为巴哈，手工摘取咖啡樱桃之后，以优越的黑蜜处理技术，将咖啡樱桃后制发酵。一打开生豆包装袋，就可以闻到浓郁的发酵香气。

> **酸香气息清澈绵长的哥斯达黎加咖啡豆**
>
> 哥斯达黎加的生豆多种植在高海拔地区，气温偏低，但日照时间长，果实在充足的日照和低温环境下，生长虽缓慢，但风味在生长中慢慢酝酿，成就丰润的咖啡樱桃。哥斯达黎加豆受欢迎的另一个原因，是其优秀的咖啡生豆后制技术，能使品质极好的咖啡樱桃呈现出更醇厚的风味，造就出各庄园精品咖啡明确的风味辨识度。

酒香　浅焙带出微醺

哥斯达黎加的咖啡有着浓郁的花果酸香气息，风铃般清澈响亮而绵长的酸质尤其经典。特色是酸度与花果香气。经过黑蜜处理后的巴哈，发酵气味浓郁，只要稍作烘焙，即可释出恰如其分的酒香气味。因此在烘焙上选择浅焙，让饮者轻尝威士忌酒香的惊艳，如巴哈曲风般令人沉醉。将烘好的豆子放到闻香盅内，能闻到一种甜酸香气，我称之为"威士忌草莓夹心饼干"。

浅烘焙 Light（直火）

烘焙

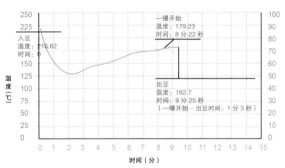

QRS烘焙曲线

生豆含水量：9.4%

生豆密度：811g/L

入豆温度：216.62℃

环境温度：24.3℃

环境湿度：70%RH

一爆开始温度：179.23℃ / 时间：8 分 22 秒

出豆温度：182.7℃ / 时间：9 分 25 秒

一爆开始到出豆时间：1 分 3 秒

一爆开始
温度：179.23
时间：8 分 22 秒

入豆
温度：216.62
时间：0

出豆
温度：182.7
时间：9 分 25 秒
（一爆开始～出豆时间：1 分 3 秒）

温度（℃）

时间（分）

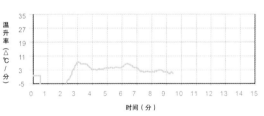

温升率（△℃/分）

时间（分）

风味雷达图

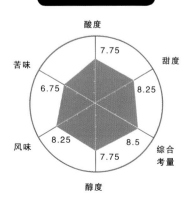

酸度 7.75
甜度 8.25
综合考量 8.5
醇度 7.75
风味 8.25
苦味 6.75

萃取

冲泡萃取风味

果味　缤纷的酸甜水

喜欢来点微醺感的咖啡饮者，很适合喝这一款巴哈，你会觉得不可思议，喝咖啡竟然喝得出发酵酒的香醇！以浅焙烘焙而成的巴哈，除了带出其威士忌酒香特色之外，也保留了其在浅焙时即释放的温带水果香气，包括草莓、苹果、葡萄、柑橘，起初微酸，尔后漫出细致的甜感，从莓果到红葡萄的果酸变化，蜜糖甜感细致，层次丰富多变，余韵细致醇厚而悠长。整体口感变化丰富，油脂感饱满，干净度佳！

哥斯达黎加

哥斯达黎加 赫尔巴夙庄园

少见的薇拉沙奇品种，类似波旁。浅发酵的白蜜处理，豆表泛着青绿，有褐黄银皮残留。

生豆

▼
▼

生豆档案

英 文 名：Costa Rica Herbazu
品　　种：薇拉沙奇（Villa Sarchi）
国　　家：哥斯达黎加
产 区 庄 园：赫尔巴夙庄园
生豆处理法：白蜜处理

COFFEE BEAN

珍奇的咖啡豆种
以细腻的后制呈
现风貌

　　赫尔巴夙庄园所栽种的咖啡树——薇拉沙奇，是一种杂交咖啡树种，对环境有很好的耐压性，因而生长出来的咖啡樱桃风味绝佳，酸度和甜度都很够味。赫尔巴夙庄园非常细心地以人工采收，每一颗都经由人工细心挑选过，使得瑕疵率从采收时就降到最低。

　　此外，为了保有这些珍奇咖啡樱桃的风味，赫尔巴夙庄园设立了所谓的"微型处理厂"（Micro Mill）做后制，对每一颗咖啡樱桃都细心对待，也难怪它曾经在 WBC 世界咖啡吧台大赛中，成为冠军主角。

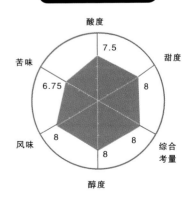

以中浅焙点出咖啡豆具足的风味

薇拉沙奇这款珍奇品种的咖啡豆，经过蜜处理后有很美的甜感，采取中浅焙的方式带出其中复杂而又甜美的香气层次。烘好的豆子有一股清新的花香气味，缀以韵味深长的红茶质感，梨子的甜味也在其中，让人如置身于春日花果园中般舒畅宜人。

中浅烘焙 Moderately Light（直火）

烘焙

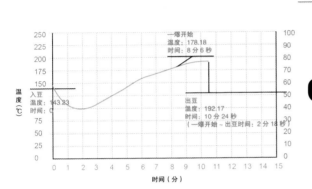

一爆开始
温度：178.18
时间：8 分 6 秒

入豆
温度：143.23

出豆
温度：192.17
时间：10 分 24 秒
（一爆开始～出豆时间：2 分 18 秒）

QRS烘焙曲线

生豆含水量：10.2%
生豆密度：844g/L
入豆温度：143.23℃
环境温度：35.9℃
环境湿度：47.7%RH
一爆开始温度：178.18℃ / 时间：8 分 6 秒
出豆温度：192.17℃ / 时间：10 分 24 秒
一爆开始到出豆时间：2 分 18 秒

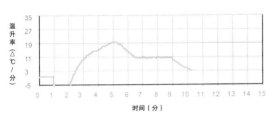

萃取

冲泡萃取风味

经历果实感浓厚的味觉飨宴

冲煮好的咖啡，像是霸气的皇后，强势绽放其身为珍奇咖啡豆的风味特色。它的酸，是腌渍水果的酸，例如蜜饯、水果干；它的甜，就像是金桔糖的甜，且酸甜平衡非常好。穿梭在喉韵间沉稳的坚果风味，则是品尝尾韵的一大享受。

风味雷达图

酸度 7.5
甜度 8
综合考量 8
醇度 8
风味 8
苦味 6.75

哥斯达黎加 塔拉珠

小烛庄园

铁比卡豆种，生豆密度高，质密翠绿，泛出蔗糖香，瑕疵率低。

生豆档案

英 文 名：Costa Rica La Candelilla Estate
品　　种：铁比卡
国　　家：哥斯达黎加
产区庄园：塔拉珠 小烛庄园
生豆处理法：水洗

COFFEE BEAN

生

豆

▼
▼

平衡浓郁果实
与丰富甜感的
蓝山风味

小烛庄园这款咖啡豆是水洗处理生豆，铁比卡（Typica）的 SHB-EP（Strictly Hard Beans-Europe，欧洲标准极硬豆）等级，最接近原生种的品种，风味优雅。牙买加蓝山、夏威夷可娜等名豆都属于铁比卡，有干净的柠檬酸味，余韵甜，抗病力低，生长栽植条件不易，结果量低，年产量稀少。

除了甜感之外，还有些微的花香穿梭其中，使甜感不那么沉，另外，浓郁的果实感则使得甜味不那么腻，整体有平衡的柔顺、圆滑感，以上都是小烛庄园广受好评的原因。

小烛庄园以少量而精致的后制处理，生产出顶级咖啡豆

哥斯达黎加具有高海拔地形和肥沃的火山灰土壤，以及丰富的降雨量，再加上这个国家重视咖啡生产，因此所栽植的咖啡豆风味绝佳，硬度密度良好。

小烛庄园位于塔拉珠产区，在那里生态保育做得很好，傍晚时分会有许多萤火虫，如同小小的烛光照亮整个庄园，因而名为小烛庄园。小烛庄园每一年生产的咖啡豆数量不多，它以小而美的方式种植咖啡樱桃，以小而精致的后制处理生产咖啡豆，一年产量约10 万千克，因此这些豆虽然声名大噪，但往往是有钱也买不到。

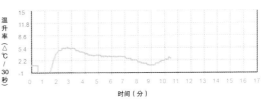

清雅的花香与丰富的甜感

类似牙买加蓝山与夏威夷可娜的铁比卡风味，浅焙时有淡雅花香伴随柑橘酸香，尾韵清甜，干净度奇佳。深焙后干香气有强烈的杏仁味、核果调、焦糖香，是典型醇厚无杂的日式蓝山风味。轻轻地烘焙即能释放出咖啡豆里丰富的水果和坚果甜香，且萦绕着清雅的花香味，充满着香甜氛围，而且每一个风味层次都很干净明亮。

浅中烘焙 Light Medium（直火）

烘焙 ———— ▼▼

QRS烘焙曲线

生豆含水量：9.3%

生豆密度：833g/L

入豆温度：219.81℃

环境温度：34.6℃

环境湿度：43%RH

一爆开始温度：194.9℃ / 时间：8 分 29 秒

出豆温度：204.01℃ / 时间：10 分 28 秒

一爆开始到出豆时间：1 分 59 秒

一爆结束 温度：206.73
入豆 温度：219.81 时间：10 分 11 秒 时间：0

出豆 温度：204.01 时间：10 分 28 秒（一爆开始 - 出豆时间：1 分 59 秒）

一爆开始 温度：194.9 时间：8 分 29 秒

温度（℃）

时间（分）

温升率（△℃/30秒）

时间（分）

萃取 ———— ▼▼

冲泡萃取风味

酸甜味层次丰富，油脂感丰厚

冲煮好的小烛庄园油脂感与香料感都很饱满，甜感十分丰富。除了有莓果的酸甜之外，尾韵也有焦糖和巧克力的甜味，每一种味道都干净清楚，层次分明。它的风味纯净，甜而醇厚，后韵很长而无杂味是其特色。品尝过程风味多变，从生涩的青苹果酸，到较为浓郁深厚的梅子酸，层层推进，既有枫糖的焦甜甜感，也有奶油的奶香，面貌多变且鲜明，花香绵延不绝，还带点发酵酒的余韵。

风味雷达图

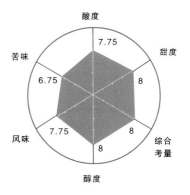

酸度 7.75
甜度 8
综合考量 8
醇度 8
风味 7.75
苦味 6.75

尼加拉瓜

珍珠小圆豆 尼加拉瓜 佛罗伦斯

质密坚硬的圆豆，
颜色翠绿而偏蓝，
瑕疵率甚低。

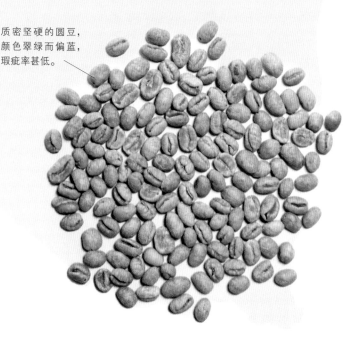

生豆

▼
▼

生豆档案

英 文 名：Nicaragua La Florencia Mill P.B
品　　种：铁比卡、卡杜拉
国　　家：尼加拉瓜
产区庄园：新萨高维亚产区
处 理 厂：佛罗伦斯处理厂
生豆处理法：日晒

奶油调 圆润的酸质与坚果

圆豆较平豆风味好，是因为它是特别手工挑选出的咖啡豆，在挑豆过程中，已经将瑕疵豆挑除，使得冲好的咖啡不会有坏味道干扰。佛罗伦斯处理厂的这款珍珠小圆豆，是以其澄澈的酸质、果糖甜感，以及尾段奶油味基调著称，在各种焙度上都有很好的风味表现。

佛罗伦斯处理厂与咖啡小农合力生产高品质咖啡豆

在尼加拉瓜新萨高维亚产区（Nueva Segovia），海拔高度 1500 米，雨量充足。这里以小农小咖啡园的方式进行咖啡树的种植，主要有几个次产区：Dipilto、Jalapa、San Juan、Pueblo Nuevo、Las Sabanas and Estel，由于地形和气候条件都很好，所生产的咖啡樱桃品质也高。小农们将采收好的咖啡樱桃送到佛罗伦斯处理厂（La Florencia Mill）进行后制，而处理厂也会对每一批咖啡豆进行杯测，严谨把关，将咖啡豆分级，并且给予小农们关于提升种植与采收水平的建议，在双方的努力之下，生产出的咖啡豆都有较优异的表现。

各种焙度都有令人惊艳的表现

这款小圆豆风味具足，在各种焙度之下都有不同面貌的展现。浅焙后会散发出红茶甜香和坚果的油脂香气。如果采取中深焙，就会有浓郁的巧克力味道、焦糖以及杏仁的香气，甜味中带着奶香，干净醇厚，很适合搭配制作成花式咖啡或浓缩咖啡，夏日制作成冰咖啡也很好喝。

中度烘焙 Medium
（直火）

烘焙

▼
▼

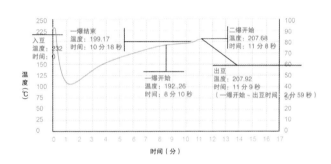

QRS烘焙曲线

生豆含水量：9.1%

生豆密度：811g/L

入豆温度：232℃

环境温度：35℃

环境湿度：55%RH

一爆开始温度：192.26℃ / 时间：8 分 10 秒

出豆温度：207.92℃ / 时间：11 分 9 秒

一爆开始到出豆时间：2 分 59 秒

风味干净的特色 完美呈现尼加拉瓜

带有一点草本和木本气息的小圆豆，入口时涌现的是浓郁的橘皮和梅子酸香，虽然浓郁，却圆润不刺激，过程中奶油香气逐渐浮现，在口中盈满丰厚的油脂气息，十分讨喜。最后出现的是各种甜味，包括桂圆、樱桃、甜桃等，搭着坚果香甜，既柔顺又厚实。这款圆豆醇厚度深，有果糖甜感，酸质清澈，有奶油体脂感，味谱集中，干净利落地呈现尼加拉瓜产区的风味特色。

萃取

▼
▼

风味雷达图

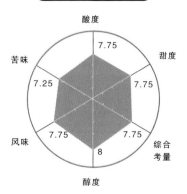

萨尔瓦多

萨尔瓦多 蜜拉薇丽

生豆档案

英 文 名：Salvador Miralvalle Bourbon
品　　种：波旁
国　　家：萨尔瓦多
产区庄园：Apameca–llamatepec
生豆处理法：水洗

COFFEE BEAN

个头饱满，色泽均一，是低瑕疵率的水洗精品豆。

生

豆

▼
▼

强烈的香气，柔和的酸甜感

蜜拉薇丽（Miralvalle）是萨尔瓦多一个农场的名称，它所处的区域海拔1650米，拥有火山灰土壤，对于栽种出品质优良的咖啡豆有先天优势，在高海拔寒冷的气候酝酿之下，以火山灰土壤的养分慢慢地产出品质优异的咖啡樱桃。此产区是雨林认证农场，环境保护得很好，所以这里的咖啡豆几乎每一年都能获奖。香料气息强烈而风味干净柔和，醇度厚实是这款咖啡豆的特色。

以细心、细腻、耐心培育的波旁咖啡树种

波旁咖啡树种是原生咖啡种，具有很好的环境抗压性，以及丰富的滋味。然而成就一颗好的咖啡豆，除了先天条件优秀之外，后天的处理也非常重要。蜜拉薇丽农场给予了波旁树优良的种植环境，也以永续耕作的愿景守护这个环境条件，让天然的气候土壤慢慢酝酿出好咖啡豆。再以精细的人工采收每一颗咖啡樱桃，对于品质精益求精，以求将瑕疵率降到最低。能够如此不惜时间、成本生产出一颗好咖啡豆，是值得推崇的。

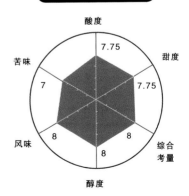

烘焙

中浅烘焙 Moderately Light（直火）

▼
▼

中浅焙将热带水果风味及香料味释放出来

这款品质优异的生豆经水洗处理之后，具有明亮、风味干净度高的特质，只需要适度烘到中浅焙度，就能将其中各种热带水果的酸香与香料风味释放出来。烘好的豆子本身即具有很好的香气，深沉复杂又浓郁，让人一闻就会爱上。

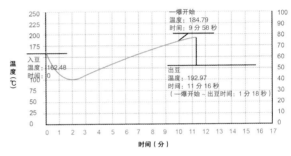

QRS烘焙曲线

生豆含水量：10.2%
生豆密度：789g/L
入豆温度：162.48℃
环境温度：27.8℃
环境湿度：55.6%RH
一爆开始温度：184.79℃ / 时间：9 分 58 秒
出豆温度：192.97℃ / 时间：11 分 16 秒
一爆开始到出豆时间：1 分 18 秒

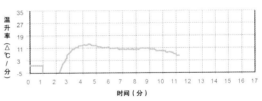

萃取

▼
▼

冲泡萃取风味

来一杯热带水果汁

冲煮好的中浅焙蜜拉薇丽，有很强烈的酸香气味，让人仿佛置身在温带水果园中，被水蜜桃、樱桃、黑莓、橘子等各种水果包围，啜饮第一口即能感受到明亮的果酸，像是蜜李或黑莓的酸味，但还有一点蔗糖甜感平衡着，让它喝起来像是喝水果汁一样。蜜拉薇丽一进入浅中焙度则风味开始变化，花果酸香的酵素作用转入焦核反应，出现麦芽、坚果、枫糖浆的中焙风味，也有干馏作用的辛香料、松脂香气，杯中风味复杂，极耐人寻味。

风味雷达图

酸度 7.75
甜度 7.75
综合考量 8
醇度 8
风味 8
苦味 7

199

萨尔瓦多

萨尔瓦多 尼可拉斯庄园

生豆档案

英 文 名：Salvador Finco San Nicolas Pacamara

品　　种：帕卡玛拉 100% Pacamara

国　　家：萨尔瓦多

产区庄园：尼可拉斯庄园

生豆处理法：黑蜜处理

黑蜜处理帕卡玛拉豆种个头硕大，留存黄褐色银皮，内底翠绿。

生

豆

▼
▼

三届总冠军的家族庄园

具有甜美干净、圆滑柔润的风味结构，最吸引人的是它散发着山茶花香气，还有蜂蜜甜感，喝的时候让身心都愉悦了。尼可拉斯庄园位于萨尔瓦多查拉特南戈省（Chalatenango），接近洪都拉斯边界，位于中美洲凸起的群脉中，海拔高度 1450~1550 米。这里气候全年凉爽，雨量充沛，还有特殊矿物质松软土质，使得农庄培养的有机肥能穿透松软土壤，让咖啡树充分吸收养分。

农庄范围不大，坐落在天然水源区最上游，肥沃土壤及微型气候使咖啡树绿得发亮，每颗咖啡樱桃都呈现强健的生命力，庄园家族以半世纪的栽种经验，三次参加 C.O.E（Cup of Exceuence）卓越杯竞赛皆是全国之冠。

三届得奖介绍

庄园主 Lgnacio Gutierrez Solis 于 1991 年内战结束后，在继承自父亲的 Finca Roxanita（罗尚尼塔庄园）土地栽种咖啡，于 2011 年第一次参加 C.O.E. 卓越杯竞赛，便以杯测分数 93.19 超高杯评，获得 C.O.E 卓越杯竞赛总冠军。庄园主将其中一块土地 Finco San Nicolas（尼可拉斯庄园）传承给儿子，就在两年后，庄园主儿子再度以帕卡玛拉品种与特殊蜜处理法，夺下 2013 年度总冠军。庄园主于 2012 年购入 Pocitos（波西多庄园），以原生种及帕卡玛拉豆种育苗，并施以有机农作肥，于 2015 年参加 C.O.E 卓越杯竞赛，又以 92.06 高分，第三度勇夺全国总冠军。

山茶花香气包覆着水果香甜

烘好后的黑蜜处理尼可拉斯庄园帕卡玛拉豆种，杯测风味有山茶花香气、蔗糖甜、红葡萄酒和蜜李等清爽的果汁酸甜、回甘水果酸甜和蜂蜜甜。

飘着淡淡的山茶花香气，闻起来气味干净清爽，没有杂质。在花香气之中，有水果香甜穿梭其中，使周围的空气都跟着甜美了起来，如同沐浴在水果花园的香氛里。

水果炸弹烘焙法（直火）

烘焙 ▼▼

QRS烘焙曲线

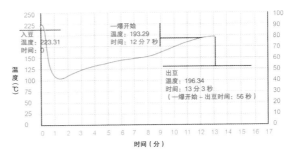

生豆含水量：8.9%

生豆密度：788g/L

入豆温度：223.31℃

环境温度：36℃

环境湿度：51%RH

一爆开始温度：193.29℃／时间：12分7秒

出豆温度：196.34℃／时间：13分3秒

一爆开始到出豆时间：56秒

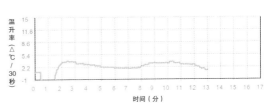

冲泡萃取风味

萃取 ▼▼

淡雅香气中，盈满蜜李与红酒质地的感受

热杯时山茶花香随着蒸气缓缓弥漫在周遭，入口后即发现浓郁的蜜李果汁酸甜味攻占味蕾，非常甜美干净、圆润、柔滑，余味悠长，结构可称完美，让人顿时醒觉——原来这是一款风味浓郁的黑蜜处理咖啡，具有蜜李、水蜜桃、蜂蜜等酸甜味，其中味觉的转折十分圆润，层层推进而不突兀，直至最后喉间升起红葡萄酒后韵，余韵柔滑悠长令人回味再三。由三届总冠军庄园所推出的黑蜜处理帕卡玛拉豆种，果真名不虚传。

风味雷达图

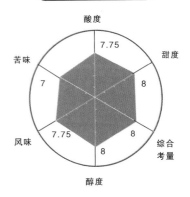

萨尔瓦多

萨尔瓦多
洁蔻蒂庄园

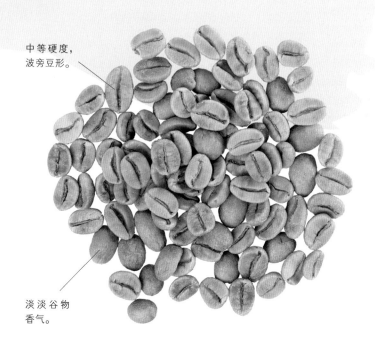

中等硬度,
波旁豆形。

淡淡谷物
香气。

生

豆

▼
▼

生豆档案

英　文　名：Salvador Jocote Bourbon
品　　　种：波旁
国　　　家：萨尔瓦多
产 区 庄 园：Tecapa Chinameca 产区,洁蔻蒂庄园
生豆处理法：肯尼亚式水洗

COFFEE BEAN

　　萨尔瓦多 Tecapa Chinameca 产区出产的咖啡有
非常多样的口感,体脂感醇厚,富有香料味、果酸味
及甜感,且达到了绝佳的平衡,后韵带有可可、成熟
水果的风味,还另有甜瓜气息和温带水果的甜味。

　　庄园海拔仅 1400 米,生豆质地为中等,采取肯尼
亚式水洗造就出明亮的酸质,咖啡醇度属于清爽型。

柔顺而绵长
的可可韵味

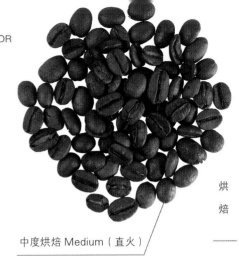

甜蜜点

中焙最能表现其

　　杯测风味有淡淡花香、樱桃香，温带水果调性，蜂蜜甜感，醇度中厚，多层次风味展开。尾韵回出蓝莓、水蜜桃清爽。这款咖啡蕴含着清新的水果酸香味，以及浓郁的核果甜味，要将这两者都表现得恰到好处，那么中焙是最好的选择。烘好之后的咖啡，会出现淡雅的茉莉花香，还有一点新鲜水果香气，以及烤核桃或可可香味，层次分明，风味干净明亮。

烘焙 ▼▼

中度烘焙 Medium（直火）

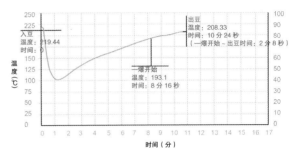

QRS烘焙曲线

生豆含水量：10.8%
生豆密度：743g/L
入豆温度：219.44℃
环境温度：32.9℃
环境湿度：51.2%RH
一爆开始温度：193.1℃ / 时间：8 分 16 秒
出豆温度：208.33℃ / 时间：10 分 24 秒
一爆开始到出豆时间：2 分 8 秒

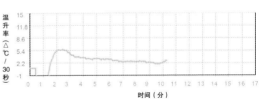

萃取 ▼▼

风味雷达图

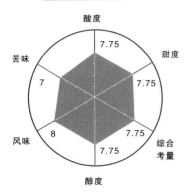

冲泡萃取风味

　　冲煮好的洁蔻蒂有茉莉花香味，喝的时候口中会有莓果、樱桃、蓝莓等水果味道，丰富的油脂感在口中萦绕着芳香气息。后段会有可可的甜感，以及烤核桃的香浓韵味出现，在喉韵间萦绕，柔顺且绵长。

从轻质调的酸感到深厚的可可浓韵，层次分明

萨尔瓦多

生豆混有水洗及
蜜处理两种，豆
色呈现不同。

萨尔瓦多
巧克力情人

生
豆

▼
▼

生豆档案

英 文 名：Salvador Santa Ana Finca Guayabo
品 种：波旁
国 家：萨尔瓦多
产区庄园：Apaneca–llamatepec 产区，酩酊庄园
生豆处理法：水洗 + 蜜处理

COFFEE BEAN

恋爱中香甜微
酸的浓郁滋味

　　这款巧克力情人咖啡豆出自于萨尔瓦多 Apaneca–
llamatepec 产区，风味十足的老波旁树种，天生优异的好基
因已经使它的未来指日可待，而它又被种植于海拔 1450 米
的圣塔安娜（Santa Ana）火山区，气候和水土条件都足够，
尤其是水土保持良好，保障了咖啡樱桃的品质。

　　采水洗混蜜处理各半，所呈现的风味特色就像浓郁的巧
克力牛奶，非常香甜、醇厚。

以两种不同处理法后制成浓情蜜意的巧克力情人

具有丰富滋味与优异品质的咖啡樱桃，后制处理也别有一番用心。庄园主以 50% 的水
洗豆和 50% 蜜处理豆搭配，调制出这款风韵醇厚的巧克力情人咖啡豆。为了使咖啡生
豆能吸收到更好的热能，日后展现出更醇厚的香气，他们还将后制处理移到海拔 800
米的蜜处理厂。水洗的部分则能使这款咖啡整体口感表现干净明亮。

力可可的厚实感 小火慢烘展现巧克

杯测风味属巧克力、牛奶糖、核果的主调性，有蔗糖甜感，如太妃糖般稠密，醇度浓厚，甘甜的可可风味，尾韵为热带水果气息。经过日式焦糖化深烘特殊处理的巧克力情人，能将其中时间与用心酿成的风味，充分地表现出来。这一支巧克力情人，就是要以小火慢烘来追求它巧克力可可韵的厚实感，以及甜蜜的奶香甜，而经过细腻的焦糖化烘焙后，巧克力牛奶香气喷发，甜蜜度百分百。

日式焦糖化烘焙（直火）

烘焙 ▼ ▼

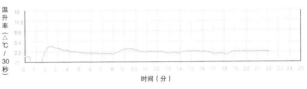

入豆温度：225.42
时间：0

一爆开始
温度：193.56
时间：16 分 47 秒

出豆
温度：213.93
时间：22 分 12 秒
（一爆开始 - 出豆时间：5 分 25 秒）

温度（℃）

时间（分）

温升率（△℃ / 30 秒）

时间（分）

QRS烘焙曲线

生豆含水量：10.7%

生豆密度：811g/L

入豆温度：225.42℃

环境温度：34.1℃

环境湿度：54%RH

一爆开始温度：193.56℃ / 时间：16 分 47 秒

出豆温度：213.93℃ / 时间：22 分 12 秒

一爆开始到出豆时间：5 分 25 秒

风味雷达图

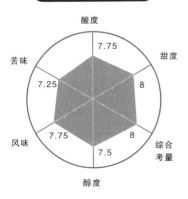

酸度 7.75
甜度 8
苦味 7.25
综合考量 8
风味 7.75
醇度 7.5

和许多咖啡豆不同的是，这款豆经日式小火慢烘而完整地焦糖化，同时又保留有豆芯小部分的果酸香。品尝这款巧克力情人的开始，感觉就是浓郁的巧克力、牛奶糖、蔗糖、太妃糖、核果风味自然流泻，既浓郁且醇厚，令人沉浸其中、爱不释手，很适合恋爱中的情人一起来品味、感受。

到了尾韵的部分，才会凸显出热带水果的酸甜，以及可可的甘苦，使得这款豆子整体表现不会太腻，如恋爱时甜、香、酸共舞的协奏曲。

冲泡萃取风味

萃取 ▼ ▼

共舞 香甜得如与情人

巴西

巴西
神木庄园

日晒黄波旁，中等硬度，豆身圆润，色泽淡黄。

生 豆

沉稳的黑巧克力韵

生豆档案

英 文 名：Brazil Fazenda Sertaozinho
　　　　　Yellow Bourbon
品　　种：100% 黄波旁
国　　家：巴西
产区庄园：圣泰奥／神木庄园
生豆处理法：去果皮日晒

　　神木庄园又名为圣泰奥庄园，而之所以称为神木庄园，是因为在这个庄园里有一棵树龄高达 1500 岁的神木，高 40 米，可说是神木庄园的地标。

　　100% 老黄波旁树种是蕴藏风味的主要来源，而海拔高度 1200 米以及年均温约 19℃、雨量 1600 毫米的气候条件，则是培育出完熟美好咖啡樱桃的重要元素。最特别的是，这里还有广大的热带林木保护区，确保在此生长的咖啡树获得良好的守护。

　　这款咖啡豆的主要特色就是醇厚度很高，黑巧克力韵味绵长，带点木质调或面包香气，使它的风味辨识度高、独树一格。

圣泰奥／神木庄园细腻的咖啡樱桃后制处理

　　众所周知，身为世界第一咖啡豆生产国的巴西，咖啡种植区域地广人稀，咖啡果生产数量大，多以大型机械采收，以符合时间和人力成本。然而，在神木庄园却全程使用人工采集咖啡浆果，不惜花费人力与时间，仔细挑选成熟的咖啡樱桃摘取，如此不但保护了所采收的咖啡樱桃，也保育了咖啡树，使得这里生长的咖啡树健康，良好生态永续。

　　接着就是进行去除果肉、日晒的后制程序，降低咖啡豆的水分，并静置保存在仓库中酝酿生豆的风味。在出口这些咖啡豆之前，还必须以精密的仪器筛选。如此层层把关的机制，使得神木庄园通过了 ISO 国际标准化组织的 9001／2002 质量管理体系认证、UTZ 国际组织的永续经营体系认证，而他们的咖啡豆历年来获得的冠军纪录更不在话下。

重度烘焙 Dark
（直火）

以重焙烘出醇厚的坚果风味

神木庄园咖啡豆蕴藏着深厚、浓郁的各种风味，从跳升的柑橘酸香气息，到后段较沉稳的檀木、坚果调性，甚至烤腰果微焦、微香的核果滋味，都能够通过重焙度释放出来。直到最后，更以令人惊艳的黑巧克力风味，带出了这款咖啡豆的天生魅力。

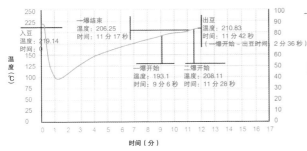

一爆结束
温度：206.25
时间：11分17秒

入豆
温度：219.14
时间：0

一爆开始
温度：193.1
时间：9分6秒

二爆开始
温度：208.11
时间：11分28秒

出豆
温度：210.83
时间：11分42秒

（一爆开始-出豆时间）
2分36秒

温度（℃）

时间（分）

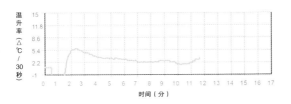

温升率（△℃ / 30秒）

时间（分）

QRS烘焙曲线

生豆含水量：9.7 %

生豆密度：808g/L

入豆温度：219.14℃

环境温度：31℃

环境湿度：47.6%RH

一爆开始温度：193.1℃ / 时间：9分6秒

出豆温度：210.83℃ / 时间：11分42秒

一爆开始到出豆时间：2分36秒

冲泡萃取风味

浓得化不开的核果、巧克力油脂香气

冲煮好的日晒神木庄园，香气属于较为中度沉稳的基调，像是李子、青柠的酸香气。入口前段有柳橙味的酸甜，中段开始出现杏仁果香气，以及肉桂皮、甘草甜感，接着核果的油脂香出现，期待的黑巧克力牛奶味也逐渐浮现。浓得化不开的香甜韵，在咖啡入口之后久久不散。

风味雷达图

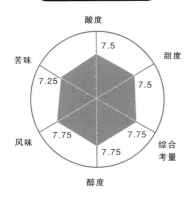

酸度 7.5
甜度 7.5
苦味 7.25
综合考量 7.75
风味 7.75
醇度 7.75

207

巴西

巴西高景庄园

生豆档案

英 文 名：Brazil Carmo de Minas Fazenda Alta Vista

品　　种：黄波旁
国　　家：巴西
产区庄园：高景庄园
生豆处理法：日晒

日晒巴西黄波旁，色泽稍绿，仍有明显浅黄银皮，干谷气味淡。

生
豆
▼
▼

优越地理条件产出得奖无数的咖啡豆

　　这是来自于巴西南米纳斯（Sul de Minas）南方的咖啡豆，生长过程具有咖啡生长的优异地理条件，也有肥沃的火山岩和气泡矿泉，因此成为众所瞩目的精品咖啡豆，得奖无数，在巴西咖啡豆中占有重要的一席之地。除了生长环境的优势之外，品种也是这款咖啡豆优秀的关键原因——黄波旁是波旁咖啡树种的变种，风味独特迷人，是咖啡竞赛的常胜豆种。

浅中烘焙 Light Medium（直火）

208

保留了果香甜美的浅中焙

吸收了丰富矿物质的黄波旁咖啡豆，内在蕴含着层次丰富的滋味，从橘子、苹果的果香味，到巧克力榛果糖浆的甜蜜滋味，一层一层都鼓动着嗅觉和味觉。因此，烘豆师认为快速烘深的日晒豆，能唤出巧克力的深醇甜感，同时维持着水果香甜感的中焙风味，是呈现这款品质极好的咖啡豆的最佳手法。

烘焙 ▼ ▼

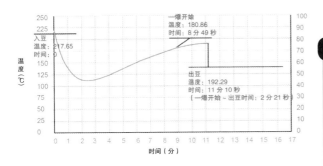

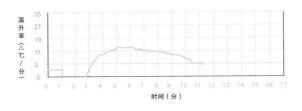

QRS烘焙曲线

生豆含水量：10.3%

生豆密度：698g/L

入豆温度：217.65℃

环境温度：33.7℃

环境湿度：56.9%RH

一爆开始温度：180.86℃／时间：8分49秒

出豆温度：192.29℃／时间：11分10秒

一爆开始到出豆时间：2分21秒

萃取 ▼ ▼

冲泡萃取风味

不可思议的酸香撩拨和浓醇甜感结合

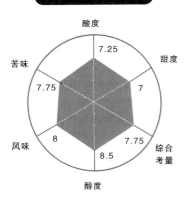

风味雷达图

品质愈佳的咖啡豆，表现愈没有设限，既能够展现浅焙时的水果或花香调性，也能表现中深焙时的可可核果浓韵，甚至烘豆师能找到一个甜蜜点，巧妙地将这两者完美结合，给予咖啡饮者极致的品味享受。快速烘深的技法使这款咖啡豆外深内浅，豆芯完整而保有浅焙的果实感，豆表焦香呈现重焙。随着杯中温度下降，依序展开风味层次，热杯时重焙的焦香味扑鼻，中温后苦韵渐低，酸质渐升。适口温度时出现浅焙的酸香气，冷杯后的咖啡又回归到中焙的核果调性，透出焦糖甜感，苦韵全无。

海岛产区

牙买加、厄瓜多尔、印尼

牙买加

牙买加
马维士河岸

生豆档案

英 文 名：Jamaica Mavis Bank Blue Mountain NO.1

品　　种：铁比卡

国　　家：牙买加

处 理 厂：马维士处理厂 Mavis Bank Central Factory（M.B.C.F）

生豆处理法：水洗

水洗铁比卡生豆有蔗糖香气，颜色翠绿，豆表光滑，温润坚硬。

生豆 一

▼
▼

风味多变，耐人寻味

世界知名的蓝山咖啡产区位于牙买加东部，最高海拔 2260 米，当地政府将此区域划定为法定咖啡产区，之所以称为"蓝山"，是因为山头终年有蓝色的云雾围绕。

这里所生产的阿拉比卡咖啡，因地形和气候的特殊优势，具有丰富的滋味，生豆大且硬。咖啡树生长在 1600~1900 米的海拔高度，有山林遮阴，日照时间足够，凉爽气候加上肥沃的土壤，将咖啡树培育得高大健壮，随着时间慢慢酝酿成一颗密度高而风味醇厚的咖啡豆。

M.B.C.F 如何跃升成为咖啡品质保证的商标？

马维士生豆处理厂已经有百年历史，因为沿袭传统方式以人工水洗加上日晒干燥咖啡豆，使生豆风味干净明确，被誉为牙买加蓝山咖啡天堂。这里最初是以经营咖啡农场起家，在草莓山（Strawberry Hill）种植咖啡树以及采收咖啡樱桃，后来才进一步创立马维士处理厂，负责人也是牙买加首位拥有专业认证的杯测师。在经过多年耕耘之后，如今已经成为牙买加最大的咖啡集散地。

在这里，每一颗咖啡樱桃都要经过两次筛选，才能进入大型水洗槽中发酵，此时再剔除过度发酵、未熟或虫蛀的咖啡樱桃，剩下的才会去除果胶，进行日晒，以确保每一颗生豆的品质无瑕。

各种丰富浓郁的纯
净香气引人入胜

跟这款牙买加蓝山豆同品种的铁比卡，还有夏威夷可娜、巴布亚新几内亚以及部分的台湾豆，这些都是以铁比卡品种闻名的咖啡豆。这款海岛产区的咖啡风味纯净，甜而醇厚，干净度高，无杂味，深受日本咖啡老饕的肯定。

烘焙这款经典的铁比卡豆种咖啡豆，可以发现咖啡香气如此耐人寻味的原因。通常我们在蓝莓里找到蓝莓的气味，在巧克力里找到巧克力的气味，但只有在烘好的咖啡豆里，才能同时找到柠檬柑橘味、牛奶糖香甜味，以及烤杏仁味等，特别是在牙买加蓝山这么优质的咖啡豆里，只要烘焙手法细腻得宜，就能得到风味自然具足且浓郁的熟豆。

浅烘焙 Light（直火）

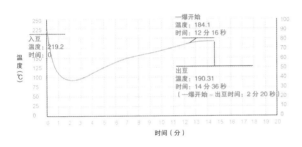

QRS烘焙曲线

生豆含水量：10.6%

生豆密度：837g/L

入豆温度：219.2℃

环境温度：32.4℃

环境湿度：55.1%RH

一爆开始温度：184.1℃ / 时间：12 分 16 秒

出豆温度：190.31℃ / 时间：14 分 36 秒

一爆开始到出豆时间：2 分 20 秒

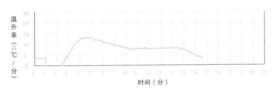

风味雷达图

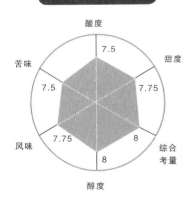

冲泡萃取风味

牙买加风味丰富多变的牙买加咖啡

冲煮好的咖啡有淡雅的花香或草木香味，入口之后，柑橘或柠檬的酸香出现，接着出现一点点烤杏仁的味道，丰厚油脂使得香气浓郁，在口中久久不散。最令人惊艳的是，甜感之中还有牛奶糖香甜味，这丰富多变的风味正是牙买加咖啡的魅力所在。

在烘焙上我们赋予它两个特性，一是七日后熟的风味会更熟甜稳定，二是烘入中浅焙度后，在冷杯降温后再加入 15% 的高温热水，它会重新启动你的味、嗅觉，化身为浅焙，重新介绍它自己给你认识。

萃取

厄瓜多尔

厄瓜多尔 豪尔赫小农

生豆档案

英 文 名：Ecuador Imbabura Urcuqui Jorge Guagala Almeida
品 种：卡杜拉、卡斯提欧
国 家：厄瓜多尔
产区庄园：豪尔赫小农
生豆处理法：水洗

COFFEE BEAN

混有两款豆种，颜色蓝绿新鲜。

生豆

细腻甜感与酸
质平衡的韵味

厄瓜多尔的咖啡种植面积虽然大，但多是小农小面积的零散耕种，再由买家去收购咖啡樱桃，运送到惠夜基、基多和曼达三大城加工，或直接卖给外销商。但这种运作模式要找到品质优异的咖啡豆并不容易，所以只有从当地的金杯比赛（Taza Dorada Golden Cup）中发掘，而这款豪尔赫小农便是如此脱颖而出的。

它生产于厄瓜多尔北部产区因巴布拉省（Imbabura），这里的气候温和，土壤肥沃且雨量充足，孕育了风味十足的好咖啡豆，2016 年参加厄瓜多尔的金杯比赛得到了第 4 名。

烘
焙

▼
▼

浅焙的果香调

　　咖啡生豆蕴含着天然风味，在经过细细地浅焙之后，慢慢化成与空气结合的天然香氛，除了可以闻到清新的花香之外，还有清雅的香瓜香气，瓜果质调清爽宜人。后段香气则有浓郁的核果味，油脂感丰富，尾韵长而细致。

浅烘焙 Light（直火）

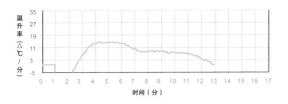

QRS烘焙曲线

生豆含水量：11.1%

生豆密度：805g/L

入豆温度：219.57℃

环境温度：30.9℃

环境湿度：58.1%RH

一爆开始温度：184.71℃ / 时间：10 分 47 秒

出豆温度：189.52℃ / 时间：12 分 59 秒

一爆开始到出豆时间：2 分 12 秒

萃
取

▼
▼

风味雷达图

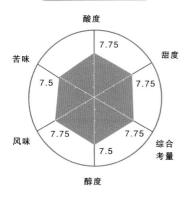

冲泡萃取风味

巧克力 香甜的牛奶

　　热杯时首先感受到的是柑橘、杏桃的酸香气味在舌尖弹跳，伴随着菊花茶的淡雅花香气。后段会慢慢感受到牛奶巧克力的甜韵与香味。随着丰厚的油脂在热气中散开，核桃气味明显浮现，带出了绵延的可可尾韵。

印尼

曼特宁 印尼 亚齐省 咖优区

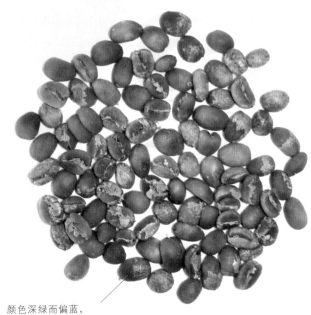

颜色深绿而偏蓝，质软颗粒大，略有草腥味。

生
豆

▼
▼

生豆档案

英 文 名： Indonesia Sumatera Gayo G1 TP
品　　种： 卡杜拉、卡蒂莫、铁比卡
国　　家： 印尼
产区庄园： 苏门答腊 咖优小农
生豆处理法： 半水洗

草本味鲜明的咖啡豆

　　印尼苏门答腊北边亚齐省所种植的咖啡树在咖优山脉地区。这个地区算是当地海拔较高的地方，但平均也只有1100~1300米，咖啡生长的优势与其他非洲以及中南美洲动辄2000米以上的高地不能相比。然而，如此不同于主要咖啡生产国的环境，也能种植出特殊风味的咖啡豆，归功于当地独创的半水洗咖啡生豆后制处理手法，这种手法凸显了印尼咖啡独有的特色——草本味鲜明，风味浓郁。

湿剥法（Wet-Hulling）表现出印尼咖啡的独特风味

印尼人独创了一种"半湿半干湿剥水洗法"，也就是去除咖啡樱桃的果皮和果肉之后，先不水洗，以留下黏液和咖啡豆一起发酵约24小时，然后再水洗去除黏液，接着进行日晒。日晒也不晒到非常干，大约剩余30%~35%含水量时，即把咖啡豆外壳去除，进行生豆销售。以这种方式发酵处理的咖啡豆，最明显的特点就是酸度比水洗豆低，而且咖啡风味变得醇厚，成就了印尼咖啡豆独有的特色。

以深焙带出醇厚的口感

印尼种植咖啡豆的环境不比其他咖啡主要生产国能以明确的水果酸取胜，因此在烘焙上要找到其甜蜜点，就是风味饱满的醇厚感。利用较深的焙度，将生豆里蕴藏的各种木本、草本香、香料、松脂香焙引出来，便能使咖啡饮者找到另一种品咖啡的趣味。若使用水果炸弹烘焙法进行烘焙，则能得到带有药草香味的肯尼亚风味。

烘焙

深度烘焙

Dark（直火）

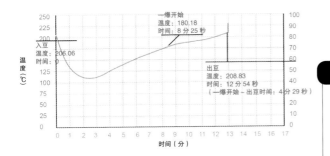

QRS烘焙曲线

生豆含水量：10.8%

生豆密度：723g/L

入豆温度：206.06℃

环境温度：32.9℃

环境湿度：51.2%RH

一爆开始温度：180.18℃ / 时间：8 分 25 秒

出豆温度：208.83℃ / 时间：12 分 54 秒

一爆开始到出豆时间：4 分 29 秒

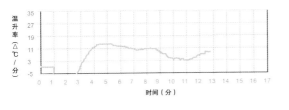

风味雷达图

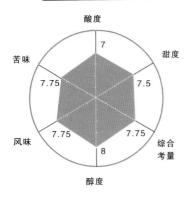

酸度 7
甜度 7.5
综合考量 7.75
醇度 8
风味 7.75
苦味 7.75

萃取

使身心放松的草香味

冲煮好的咖啡更像是浓厚老茶，因为它的草本木质感鲜明，包括乌龙香、普洱香，而且重焙后酸质降低，口感醇厚，炭烧味油润，适合不喜欢酸的人饮用。

除了香气清爽、口感醇厚的老茶感之外，其中的各种香料草香气味，也能为饮者带来身心舒畅的清新感。

印尼

巴塔克 曼特宁
印尼 苏门答腊 林东省 蓝湖

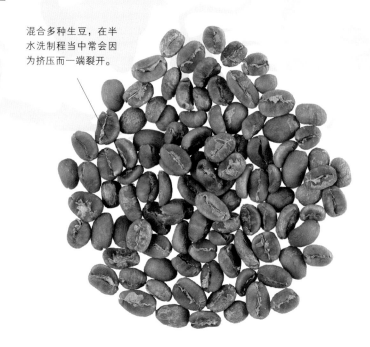

混合多种生豆，在半水洗制程当中常会因为挤压而一端裂开。

生
豆
▼
▼

生豆档案

COFFEE BEAN

英 文 名：Indonesia Sumatra Horas Tano Batak TP
品　　　种：卡蒂莫、爪哇、臻柏
国　　　家：印尼
产区庄园：苏门答腊 巴塔克小农
生豆处理法：半水洗

奶油加上烤杏仁的甜蜜滋味

　　林东省和亚齐省同样坐落于苏门答腊岛北部，种植的咖啡豆主要是阿拉比卡豆。这里的地势虽属当地较高，但海拔仍不够高，不是特别有利于培育优质咖啡豆。然而，这里却有肥沃的火山灰土壤，供应着咖啡豆所需的养分。此外，雨量充足的雨林气候，也供应了咖啡树足够的水分。

　　独特的气候和地理环境造就了印尼海岛咖啡豆的独特风味，使印尼咖啡豆在咖啡爱好者的心中占有一席之地。

218

深重焙引出的核果香

制作成深重焙的林东省曼特宁，释出了奶油以及核果香气，有一点烤榛果或杏仁的味道，香甜的感觉令人回味无穷。深焙后的咖啡豆几乎磨去酸味，口感更醇厚丰润。

烘焙

▽
▽

深重烘焙 Very Dark（直火）

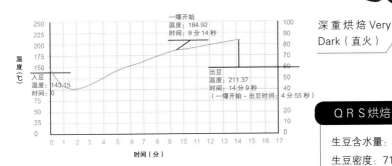

温度（℃）

一爆开始
温度：184.92
时间：9分14秒

入豆
温度：143.15
时间：0

出豆
温度：211.37
时间：14分9秒
（一爆开始–出豆时间：4分55秒）

时间（分）

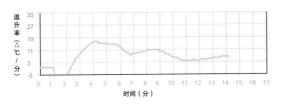

温升率（△℃／分）

时间（分）

QRS烘焙曲线

生豆含水量：9.9%

生豆密度：712 g/L

入豆温度：143.15℃

环境温度：30.4℃

环境湿度：47.4%RH

一爆开始温度：184.92℃／时间：9分14秒

出豆温度：211.37℃／时间：14分9秒

一爆开始到出豆时间：4分55秒

萃取

▽
▽

风味雷达图

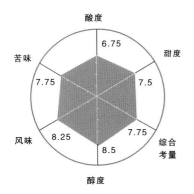

酸度 6.75
甜度 7.5
综合考量 7.75
醇度 8.5
风味 8.25
苦味 7.75

冲泡萃取风味

冲煮好的咖啡弥漫着一股草木香气，缀以香浓的奶油和烤榛果、烤杏仁味道，口味绝搭，喝的时候有核果香气的喉韵，还有黑巧克力的气味，层层包覆的厚实风味里，有一股令人沉稳安定的力量。

药草、肉桂香气和核果可可的厚实口感

巴西＋印尼

巴西＋印尼
经典曼巴
（调和豆）

生豆采用不等比例混烘。
曼特宁豆色翠绿硕大，
巴西波旁豆则色偏淡黄。

生
豆
—
▼
▼

生豆档案

英　文　名：Brazil & Mandheling Blended
品　　　种：曼特宁 & 波旁
国　　　家：巴西 & 印尼
生豆处理法：半水洗／水洗

平衡　风味醇厚而

　　许多咖啡初学者都买过曼巴咖啡，它喝起来醇厚且口感柔顺，尾段的韵味深长，被接受度很高。曼巴咖啡是一种混合咖啡豆，以曼特宁豆混合巴西豆，可以说是综合咖啡或调配咖啡。如果说烘焙单品豆是雕刻的过程，烘焙过程中风味内容物只减不增，烘得愈久耗失愈多，那么配方豆的研发制作既有雕刻的减除过程，也有塑像的加乘过程，挑战我们感官辨识风味的能力。这种咖啡豆有别于单品豆特别强调其主调性的酸、或苦、或甜，它反而是取不同咖啡豆的风味特色，力求达到口感上的平衡。

深重焙依然顺口醇厚

在研发设计配方豆的时候，烘豆师会先将数款单品豆的风味雷达图作套叠，揣摩各款豆在各个风味象限的特性长短，依据豆性与感官评鉴结果糅合出理想的配方比例与烘焙计划，然后不断地重复打样、进行杯测记录、调整计划，直到风味雷达图上呈现平衡的状态。

曼巴咖啡豆的特色就是喝起来很顺口，风味平衡，没有特别强烈的酸或甜或苦，进入深焙之后，自然释出核果与可可香味，加强了风味上的醇厚度，而最后释放出来的蔗糖甜香，则巧妙地点出尾韵。

深重烘焙 Very Dark（直火）

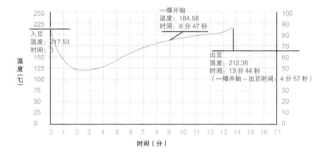

QRS烘焙曲线

生豆含水量：10.9%
生豆密度：684g/L
入豆温度：217.53℃
环境温度：32.6℃
环境湿度：56.4% RH
一爆开始温度：184.58℃ / 时间：8 分 47 秒
出豆温度：212.36℃ / 时间：13 分 44 秒
一爆开始到出豆时间：4 分 57 秒

风味雷达图

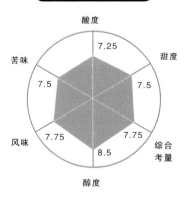

酸度 7.25
甜度 7.5
综合考量 7.75
醇度 8.5
风味 7.75
苦味 7.5

冲泡萃取风味

浓烈醇厚的咖啡油脂感

适合重度咖啡饮者。冲煮好的曼巴咖啡风味醇厚，足以细细品味，余韵不绝，而且油脂感饱润，口感非常滑顺，香气也十足，复方配豆的特色在于其中各个单品豆之间的风味融合与口感的平衡，还会在品尝的过程中随着层次感推衍逐一释放出个别的风味特色，能将品咖啡的人引领至沉稳而安定的氛围。

SPECIALTY COFFEE

A cup of vita cafe daily,
renewing of your mind every day.

- Guatemala
- Costa Rica
- Panama
- Colombia
- Brazil
- Yemen
- Ethiopia
- Indonesia
- Kenya
- Vietnam

America Africa Asia

严选世界
精品生豆
Specialty coffee

智能云端
咖啡烘焙孔管
Coffee roasting

直火烘焙
层次丰富又奔放
Delicious coffee

CQI 杯测师
风味品质把关
CQI Quality

咖啡自然熟成
密封保鲜品管
Packaging Quality

手机扫描QR
资讯透明最
Food safety

Vita Café 陪你渡过，每个专属你的咖啡时光

TEL：07\3756750 FAX：07\3752780 ADD：高雄市仁武区京吉一路76号 官网：http://www.vitacafe.com.tw

Vita Café 官网 Vita Café

封存杯中蒸腾弥漫，时光流动，情谊历久弥新

元豆坊
X
咖啡讲堂

烘焙风格

1. 浅焙花果酸香，甜感清楚；中焙果实感充足，焦糖甜韵。
2. 咖啡体感（Body）充盈；浅焙浓郁扎实，深焙厚底甘醇。
3. 突显地域风味，产区特色明确。
4. VIP 预定香鲜，直火精致烘焙。

玩豆坊资历

Q.R.S 烘焙研究系统
专利发明人

元豆坊 X 咖啡讲堂创办人

界咖啡烘焙履历图鉴作者

豆坊 APP,F.B 专栏作者

经营理念

饮者才是咖啡厅的主体，经营"咖啡文化"以为永续，"随身的咖啡门市服务"不停驻。

1. 专利 QRS 云端智能烘焙技术
2. 行动门市
3. 讲堂课程
4. 社群经营
5. 咖啡文化塑造

以专利烘焙技术，将精品咖啡驻进客厅和办公室，通过行动网络技术将门市开在手机上，只服务熟客 VIP。经营社群，办活动，开讲堂，营造特色的咖啡文化氛围。

烘焙系统专利发明

苹果IOS　　　Android

访客帐号：
wonderful

访客密码：
wonderful

Mobile Phone：0936 356 221
ADD:高雄市凤山区文西街 125 号

编者注：左面第 2 颗二维码和本页的 3 颗二维码在中国大陆不能打开。

著作权合同登记号：图字132018050

本著作（原书名《世界咖啡豆烘焙履历图鉴》）中文简体版通过成都天鸢文化传播有限公司代理，经汉湘文化事业股份有限公司授予福建科学技术出版社有限责任公司独家发行。

任何人非经书面同意，不得以任何形式，任意重制转载。

本著作限于中国内地（不包括台湾、香港、澳门）发行。

图书在版编目（CIP）数据

世界咖啡豆烘焙履历图鉴 / 张阳灿, 林怡呈著.—福州：福建科学技术出版社, 2021.1（2024.1重印）

ISBN 978-7-5335-6230-4

Ⅰ.①世… Ⅱ.①张… ②林… Ⅲ.①咖啡—图集
Ⅳ.①TS273-64

中国版本图书馆CIP数据核字（2020）第160582号

书　　名	世界咖啡豆烘焙履历图鉴	
著　　者	张阳灿、林怡呈	
出版发行	福建科学技术出版社	
社　　址	福州市东水路76号（邮编350001）	
网　　址	www.fjstp.com	
经　　销	福建新华发行（集团）有限责任公司	
印　　刷	福州德安彩色印刷有限公司	
开　　本	700毫米 × 1000毫米 1 / 16	
印　　张	14	
图　　文	224 码	
版　　次	2021年1月第1版	
印　　次	2024年1月第2次印刷	
书　　号	ISBN 978-7-5335-6230-4	
定　　价	65.00元	

书中如有印装质量问题，可直接向本社调换